国家中等职业教育改革发展示范校建设系列教材

架子工实训

主 编 张启旺

副主编 李 芳 彭 波

中国水利水电出版社
www.waterpub.com.cn

内 容 提 要

本教材是根据建设部《建筑架子工培训计划与培训大纲》架子工专业培训要求进行编写的，按照建筑工程脚手架搭设人员的工作特点，重点对其上岗操作技能和专业技术知识进行了阐述。全书主要内容包括架子工基本知识；落地扣件式钢管脚手架；落地碗扣式钢管外脚手架；落地门式钢管外脚手架；悬挑式外脚手架；吊篮式脚手架；附着式升降脚手架；模板支撑架；烟囱、水塔、冷却塔脚手架等。

本教材编写时采用较多的图和表格，叙述简单明了，尽量避免大篇幅的文字叙述，力争做到图文并茂、通俗易懂。它是当前中等职业教育培养高素质技能型人才、提高学生实操技能的理想教材。

图书在版编目（Ｃ Ｉ Ｐ）数据

架子工实训 / 张启旺主编. -- 北京 ： 中国水利水
电出版社，2014.12
国家中等职业教育改革发展示范校建设系列教材
ISBN 978-7-5170-2713-3

Ⅰ．①架… Ⅱ．①张… Ⅲ．①脚手架－工程施工－中
等专业学校－教材 Ⅳ．①TU731.2

中国版本图书馆CIP数据核字(2014)第286315号

书 名	国家中等职业教育改革发展示范校建设系列教材 **架子工实训**
作 者	主编 张启旺 副主编 李芳 彭波
出 版 发 行	中国水利水电出版社 （北京市海淀区玉渊潭南路1号D座 100038） 网址：www. waterpub. com. cn E - mail：sales@ waterpub. com. cn 电话：（010）68367658（发行部）
经 售	北京科水图书销售中心（零售） 电话：（010）88383994、63202643、68545874 全国各地新华书店和相关出版物销售网点
排 版	中国水利水电出版社微机排版中心
印 刷	北京市北中印刷厂
规 格	184mm×260mm 16开本 8.5印张 202千字
版 次	2014年12月第1版 2014年12月第1次印刷
印 数	0001—3000册
定 价	**19.00元**

甘肃省水利水电学校教材编审委员会

前　　言

　　本教材是根据建设部《建筑架子工培训计划与培训大纲》架子工专业培训要求进行编写的，主要是为适应与配合全国建设行业全面实行建设职业技能岗位培训与鉴定的需要。教材重点介绍我国目前得到广泛使用，并正在大力推广的脚手架，对建设部建议逐步淘汰的或工程实践中较少用到的一些脚手架，本教材未作介绍。

　　当前中等职业教育培养方向主要是高素质技能型人才，因此建筑行业中架子工主要是加强技能训练，提高学生实操技能。本教材编写时采用较多的图和表格，叙述简单明了，尽量避免大篇幅的文字叙述，力争做到图文并茂、通俗易懂。

　　此外，编者希望学生在经实训后，也能在今后的工作中将本教材当作架子工操作手册使用，因此，本教材对脚手架的现行安全技术规范、标准以及安全检查标准的内容，特别是一些强制性的规定，都作了较全面的介绍，体现了使用方便与实用的编写原则。

　　本教材由甘肃省水利水电学校张启旺担任主编，甘肃省水利水电学校李芳与贵州省交通规划勘察设计研究院股份有限公司高级工程师彭波担任副主编。学习项目1、学习单元2.5、学习单元2.6由张启旺编写；学习单元2.1至学习单元2.4、学习单元2.7、学习单元2.8、附录一、附录二由李芳和彭波共同编写。教材编写过程中得到了中国水利水电第四工程局高级工程师李贵兴，中国水利水电第二工程局高级工程师杨金龙，中国水利水电第四工程局高级工程师王福让、梁国辉、王贤，中国水利水电第十一工程局高级工程师李晗，甘肃省水利水电勘测设计院高级工程师王振强，西北水电勘测设计院高级工程师韩瑞及甘肃省水利水电学校水工系多位老师的大力支持，在此深表感谢。教材编写时参考了已出版的多种相关培训教材和著作，对这些教材和著作的编著者一并表示谢意。

　　限于编者的专业水平和实践经验，本教材疏漏或不当之处，恳请读者指正。

编者
2014 年 9 月

目　　录

学习项目1 架子工基本知识

我国幅员辽阔，各地建筑业的发展存在差异，脚手架的发展也不平衡。目前脚手架工程的现状如下：

（1）落地扣件式钢管脚手架，自20世纪60年代在我国推广使用以来，普及迅速，是目前大、中城市中使用的主要品种。

（2）传统的竹、木脚手架随着钢脚手架的推广和应用，在一些大、中城市已较少使用，但在一些建筑发展较缓慢的中、小城市和村镇仍在继续大量使用。

（3）自20世纪80年代以来，高层建筑和超高层建筑有了较大发展，为了满足这类施工的需要，多功能脚手架，如门式钢管脚手架、碗扣式钢管脚手架、悬挑式脚手架、导轨式爬架等相继在工程中应用，深受施工企业的欢迎。此外，为适应通用施工的需要，一些建筑施工企业也从国外引进或自行研制了一些通用定型的脚手架，如吊篮、挂脚手架、桥式脚手架、挑架等。

随着国民经济的迅速发展，建筑业被列为国家的支柱产业之一。建筑业的兴旺发达，使建筑脚手架行业的发展迅速，其发展趋势将体现在以下方面：

（1）金属脚手架必将取代竹、木脚手架。传统的竹、木脚手架其材料质量不易控制，搭设构造要求难以严格掌握，技术落后、材料损耗量大，并且使用和管理上不大方便，最终将被金属脚手架所取代。

（2）为适应现代建筑施工，减轻劳动强度，节约材料，提高经济效益，适用性强的多功能脚手架将取代传统型的脚手架且要定型系列化。

（3）高层和超高层施工中脚手架的用量大，技术复杂，要求脚手架的设计、搭设、安装都需规范化，而脚手架的杆（构）配件应由专业工厂生产供应。

学习单元1.1 脚手架的作用与分类

1.1.1 脚手架的作用

脚手架是建筑工程中堆放材料和工人进行操作的临时设施。它是建筑施工中不可缺少的空中作业工具，无论结构施工还是室外装修施工，以及设备安装都需要根据操作要求搭设脚手架。

脚手架的作用如下：

（1）可以使施工作业人员在不同部位进行操作。

（2）能堆放及运输一定数量的建筑材料。

（3）保证施工作业人员在高空操作时的安全。

1.1.2　脚手架的分类

1. 按用途划分

（1）操作脚手架。为施工操作提供作业条件的脚手架，包括结构脚手架、装修脚手架。

（2）防护用脚手架。只用作安全防护的脚手架，包括各种护栏架和棚架。

（3）承重、支撑用脚手架。用于材料的运转、存放、支撑以及其他承载用途的脚手架，如承料平台、模板支撑架和安装支撑架等。

2. 按构架方式划分

（1）杆件组合式脚手架。俗称多立杆式脚手架，简称杆组式脚手架。

（2）框架组合式脚手架。简称框组式脚手架，即由简单的平面框架（如门架）与连接、撑拉杆件组合而成的脚手架，如门式钢管脚手架、梯式钢管脚手架等。

（3）格构件组合式脚手架。即由框架梁和格构柱组合而成的脚手架，如桥式脚手架，有提升（降）式和沿齿条爬升（降）式两种。

（4）台架。具有一定高度和操作平面的平台架，多为定型产品，其本身具有稳定的空间结构。它可单独使用或立拼增高及水平连接扩大，并常带有移动装置。

3. 按设置形式划分

（1）单排脚手架。只有一排立杆的脚手架，其横向水平杆的另一端搁置在墙体结构上。

（2）双排脚手架。具有两排立杆的脚手架。

（3）多排脚手架。具有3排及3排以上立杆的脚手架。

（4）满堂脚手架。按施工作业范围满设的、两个方向各有3排以上立杆的脚手架。

（5）满高脚手架。按墙体或施工作业最大高度，由地面起满高度设置的脚手架。

（6）交圈（周边）脚手架。沿建筑物或作业范围周边设置并相互交圈连接的脚手架。

（7）特形脚手架。具有特殊平面和空间造型的脚手架，如用于烟囱、水塔以合理的设计减少材料和人工耗用，节省脚手架费用。

4. 按脚手架的设置方式划分

（1）落地式脚手架。搭设（支座）在地面、楼面、屋面或其他平台结构之上的脚手架。

（2）悬挑脚手架（简称"挑脚手架"）。采用悬挑方式设置的脚手架。

（3）附墙悬挂脚手架（简称"挂脚手架"）。在上部或（和）中部挂设于墙体挑挂件上的定型脚手架。

（4）悬吊脚手架（简称"吊脚手架"）。悬吊于悬挑梁或工程结构之下的脚手架。当采用篮式作业架时，称为"吊篮"。

（5）附着升降脚手架（简称"爬架"）。附着于工程结构、依靠自身提升设备实现升降的悬空脚手架。

（6）水平移动脚手架。带行走装置的脚手架（段）或操作平台架。

5. 按脚手架平杆、立杆的连接方式分类

（1）承插式脚手架。在平杆与立杆之间采用承插连接的脚手架。常见的承插连接方式有插片和楔槽、插片和碗扣、套管和插头及 U 形托挂等。

（2）扣件式脚手架。使用扣件箍紧连接的脚手架，即靠拧紧扣件螺栓所产生的摩擦力承担连接作用的脚手架。

此外，还按脚手架的材料划分为竹脚手架、木脚手架、钢管或金属脚手架；按搭设位置划分为外脚手架和里脚手架；按使用对象或场合划分为高层建筑脚手架、烟囱脚手架、水塔脚手架。还有定型脚手架与非定型脚手架、多功能脚手架与单功能脚手架等。

学习单元 1.2　脚手架搭设要求及质量控制

1.2.1　脚手架的搭设要求

不管搭设哪种类型的脚手架，都必须符合以下基本要求：

（1）稳固、安全。脚手架必须有足够的强度、刚度和稳定性，确保施工期间在规定的天气条件和允许荷载的作用下，脚手架稳定不倾斜、不摇晃、不倒塌。

（2）满足施工使用需要。脚手架应有足够的作业面，如适当的宽度、步架高度、离墙距离等，以确保施工人员操作、材料堆放和运输的需要。

（3）设计合理，易搭设。以合理的设计减少材料和人工的耗用，节省脚手架费用。脚手架的构造要简单，便于搭设和拆除，脚手架材料能多次周转使用。

1.2.2　脚手架搭设的安全技术要求

脚手架搭设必须按照有关的安全技术规范进行，具体要求如下：

（1）一般脚手架必须按脚手架安全技术操作规程搭设，对于高度超过 15m 的高层脚手架，必须有设计、计算、详图、搭设方案，有上一级技术负责人审批，有书面安全技术交底，然后才能搭设。

（2）对于危险性大而且特殊的吊、挑、挂、插口、堆料等架子，必须经过设计和审批，有编制的安全技术措施，才能搭设。

（3）施工队接受任务后，必须组织全体人员，认真领会脚手架专项安全施工组织设计和安全技术措施交底，研讨搭设方法，并派技术好、有经验的技术人员负责搭设技术指导和监护。

（4）搭设时认真处理好地基，确保地基具有足够的承载力。垫木应铺设平稳，不能有悬空，避免脚手架发生整体或局部沉降。

（5）确保脚手架整体平稳、牢固，并具有足够的承载力，作业人员搭设时必须按要求与结构拉接牢固。

（6）搭设时，必须按规定的间距搭设立杆、横杆、剪刀撑、栏杆等，必须按规定设连墙杆、剪刀撑和支撑。脚手架与建筑物间的连接应牢固，脚手架的整体应稳定，脚手架必须有供操作人员上下的阶梯、斜道。严禁施工人员攀爬脚手架。

（7）脚手架的操作面必须满铺脚手板，不得有空隙和探头板。木脚手板有腐朽、劈裂、大横透节、活动节子的均不能使用。使用过程中严格控制荷载，确保有较大的安全储备，避免因荷载起重造成脚手架倒塌。

（8）金属脚手架应设避雷装置。遇有高压线时必须保持大于5m或相应的水平距离，搭设隔离防护架。

（9）搭拆脚手架必须由专业架子工担任，并应按现行国家标准考核合格，持证上岗。上岗人员应定期进行体检，凡不适合高处作业者不得上脚手架操作。

（10）搭拆脚手架时，操作人员必须戴安全帽、系安全带、穿防滑鞋。

（11）作业层上的施工荷载应符合设计要求，不得超载。不得在脚手架上集中堆放模板、钢筋等物体，严禁在脚手架上拉缆风绳和固定、架设模板支架及混凝土泵、输送管等，严禁悬挂起重设备。

（12）不得在脚手架基础及邻近处进行挖掘作业。

（13）遇六级以上大风及大雪、大雾天气下应暂停脚手架的搭设及在脚手架上作业。斜边板要钉防滑条，如有雨水、冰雪，要采取防滑措施。

（14）脚手架搭好后必须进行验收，合格后方可使用。使用中，遇台风、暴雨以及使用期较长时，应定期检查，及时整改出现的安全隐患。

（15）因故闲置一段时间或发生大风、大雨等灾害性天气后，重新使用脚手架时必须认真检查，加固后方可使用。

1.2.3　脚手架的质量控制

建筑工程施工中，脚手架的搭设质量与施工人员的人身安全、工程进度、工程质量有直接的关系。如果脚手架搭设不好，不仅架子工本身不安全，对其他施工人员也极易造成伤害。如果脚手架搭设不及时，就会耽误工期。脚手架搭得不恰当会使施工操作不便，影响工期和质量。因此，必须重视脚手架的搭设质量。

进行脚手架搭设时，控制其质量的主要环节有以下几个方面：

（1）搭设脚手架所用材料的规格和质量必须符合设计要求和安全规范要求。

（2）搭设脚手架的构造必须符合规范要求，同时注意绑扎扣和扣件螺栓的拧紧程度，挑梁、挑架、吊架、挂钩和吊索的质量等。

（3）搭设脚手架要求有牢固的、足够的连墙点，以确保整个脚手架的稳定。

（4）脚手板要铺满、铺稳，不能有空头板。

（5）缆风绳应按规定拉好、锚固牢靠。

学习单元1.3　脚手架搭设的材料和施工常用工具

1.3.1　脚手架搭设的材料

1. 钢管架料

（1）钢管。钢管采用直缝电焊钢管或低压流体输送用焊接钢管，有外径48mm、壁厚3.5mm和外径51mm、壁厚3.0mm两种规格。不允许两种规格混合使用。

钢管脚手架的各种杆件应优先采用外径48mm，厚3.5mm的电焊钢管。用于立柱、大横杆和各支撑杆（斜撑、剪刀撑、抛撑等）的钢管最大长度不得超过6.5m，一般为4～6.5m，小横杆所用钢管的最大长度不得超过2.2m，一般为1.8～2.2m。每根钢管的重量应控制在 25kg 内。钢管两端面应平整，严禁打孔、开口。

通常对新购进的钢管先进行除锈，钢管内壁刷涂两道防锈漆，外壁刷涂防锈漆一道、面漆两道。对旧钢管的锈蚀检查应每年一次。检查时，在锈蚀严重的钢管中抽取 3 根，在每根钢管的锈蚀严重部位横向截断取样检查。经检验符合要求的钢管，应进行除锈，并刷涂防锈漆和面漆。

（2）扣件。目前，我国钢管脚手架中的扣件有可锻铸铁扣件与钢板压制扣件两种。前者质量可靠，应优先采用。采用其他材料制作的扣件，应经试验证明其质量符合该标准的规定后方可使用。扣件螺栓采用 Q235A 级钢制作。

扣件有 3 种形式，如图 1-1 所示。

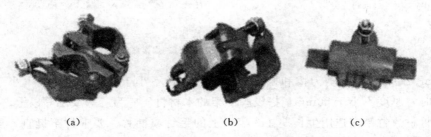

图 1-1　扣件实物
(a) 直角扣件；(b) 旋转扣件；(c) 对接扣件

1）直角扣件（十字扣件）。用于连接两根垂直相交的杆件，如立杆与大横杆、大横杆与小横杆的连接。靠扣件和钢管之间的摩擦力传递施工荷载。

2）旋转扣件（回转扣件）。用于连接两根平行或任意角度的扣件。如斜撑和剪刀撑与立柱、大横杆和小横杆的连接。

3）对接扣件（一字扣件）。钢管对接接长用的扣件，如立杆、大横杆的接长。

脚手架采用的扣件，在螺栓拧紧扭力矩达 65N·m 时，不得发生破坏。

对新采购的扣件应进行检验。若不符合要求，应抽样送专业单位进行鉴定。

旧扣件在使用前应进行质量检查，有裂缝、变形的严禁使用，出现滑丝的螺栓必须更换。新旧扣件均应进行防锈处理。

（3）底座。用于立杆底部的垫座。扣件式钢管脚手架的底座有可锻铸铁制成的定型底座和套管、钢板焊接底座两种，可根据具体情况选用。几何尺寸如图 1-2 所示。

可锻铸铁制造的标准底座，其材质和加工质量要求与可锻铸铁扣件相同。

焊接底座采用 Q235A 钢，焊条应采用 E43 型。

2. 竹木架料

（1）木材。木材可用作脚手架的立杆、大小横杆、剪刀撑和脚手板。

常用木材为剥皮杉或其他坚韧、质轻的圆木，不得使用柳木、杨木、桦木、椴木、油松等木材，也不得使用易腐朽、易折裂的其他木材。

用作立杆时，木料小头有效直径不小于 70mm，大头直径不大于 180mm，长度不小于 6m；用作大横杆时，小头有效直径不小于 80mm，长度不小于 6m；用作小横杆时，杉杆小头直径不小于 90mm，硬木（柞木、水曲柳等）小头直径不小于 70mm，长度为

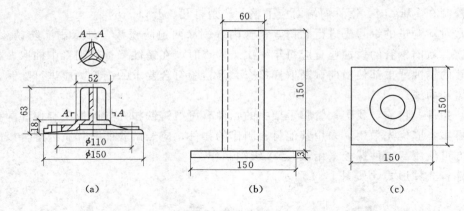

图 1-2 底座
(a) 尺寸；(b) 铸铁底座；(c) 焊接底座

2.1～2.2m。用作斜撑、剪刀撑和抛撑时，小头直径不小于 70mm，长度不小于 6m。用作脚手板时，厚度不小于 50mm，搭设脚手架的木材材质应为二等或二等以上。

（2）竹材。竹竿应选用生长期在 3 年以上的毛竹或楠竹。要求竹竿挺直，质地坚韧。不得使用弯曲不直、青嫩、枯脆、腐朽、虫蛀以及裂缝连通两节以上的竹竿。有裂缝的竹材，在下列情况下可用钢丝绑扎加固使用：作立杆时，裂缝不超过 3 节；作大横杆时，裂缝不超过 2 节；作小横杆时，裂缝不超过 1 节。

竹竿有效部分小头直径，用作立杆、大横杆、顶撑、斜撑、剪刀撑、抛撑等不得小于 75mm；用作小横杆不得小于 90mm；用作搁栅、栏杆不得小于 60mm。

承重杆件应选用生长期在 3 年以上的冬竹（农历白露以后至次年谷雨前采伐的竹材）。这种竹材质地坚硬，不易虫蛀、腐朽。

3. 绑扎材料

竹木脚手架的各种杆件一般使用绑扎材料加以连接，木脚手架常用的绑扎材料有镀锌钢丝和钢丝两种。竹脚手架可以采用竹篾、镀锌钢丝、塑料篾等。竹脚手架中所有的绑扎材料均不得重复使用。

（1）镀锌钢丝。抗拉强度高、不易锈蚀，是最常用的绑扎材料，常用 8 号和 10 号镀锌钢丝。8 号镀锌钢丝直径为 4mm，抗拉强度为 900MPa；10 号镀锌钢丝直径为 3.5mm，抗拉强度为 1000MPa。镀锌钢丝使用时不准用火烧，次品和腐蚀严重的产品不得使用。

（2）钢丝。常采用 8 号回火冷拔钢丝，使用前要经过退火处理（又称火烧丝）。腐蚀严重、表面有裂纹的钢丝不得使用。

（3）竹篾。由毛竹、水竹或慈竹破成，要求篾料质地新鲜、韧性强、抗拉强度高；不得使用发霉、虫蛀、断腰、大节疤等竹篾。竹篾使用前应置于清水中浸泡 12h 以上，使其柔软、不易折断。竹篾的规格见表 1-1。

（4）塑料篾，又称纤维编织带。必须采用有生产厂家合格证书和力学性能试验合格数据的产品。

表1-1

竹篾规格

名　称	长度/m	宽度/mm	厚度/mm
毛竹篾水竹、慈片篾	3.5～4.0	20	0.8～1.0
	>2.5	5～45	0.6～0.8

4. 脚手板

脚手板铺设在小横杆上，形成工作平台，以便施工人员工作和临时堆放零星施工材料。它必须满足强度和刚度的要求，保护施工人员的安全，并将施工荷载传递给纵、横水平杆。

常用的脚手板有冲压钢板脚手板、木脚手板、钢木混合脚手板和竹串片、竹笆板等，施工时可根据各地区的材源就地取材选用。每块脚手板的重量不宜大于30kg。

(1) 冲压钢板脚手板。冲压钢板脚手板用厚1.5～2.0mm的钢板冷加工而成，其形式、构造和外形尺寸如图1-3所示，板面上冲有梅花形翻边防滑圆孔。钢材应符合国家现行标准《优质碳素结构钢》(GB/T 700)中Q235A级钢的规定。

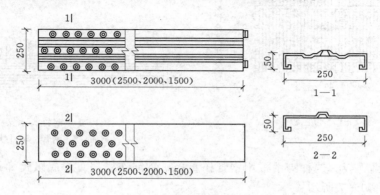

图1-3　冲压钢板脚手板形式与构造

钢板脚手板的连接方式有挂钩、插孔式和U形卡式，如图1-4所示。

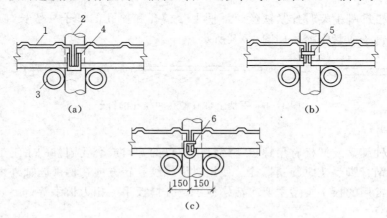

图1-4　冲压钢板脚手板的连接方式
(a) 挂钩式；(b) 插孔式；(c) U形卡式
1—钢脚手板；2—立杆；3—小横杆；4—挂钩；5—插销；6—U形卡

（2）木脚手板。木脚手板应采用杉木或松木制作，其材质应符合现行国家标准的规定。脚手板厚度不应小于50mm，板宽为200～250mm，板长为3～6m。在板两端往内80mm处，用10号镀锌钢丝加两道紧箍，防止板端劈裂。

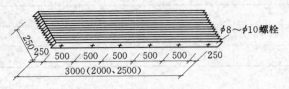

图1-5　竹串片脚手板

（3）竹串片脚手板。采用螺栓穿过并列的竹片拧紧而成。螺栓直径8～10mm，间距500～600mm，竹片宽50mm；竹串片脚手板长2～3m，宽0.25～0.3m，如图1-5所示。

（4）竹笆板。这种脚手架用竹筋作横挡，穿编竹片，竹片与竹筋相交处用钢丝扎牢。竹笆板长1.5～2.5m，宽0.8～1.2m，如图1-6所示。

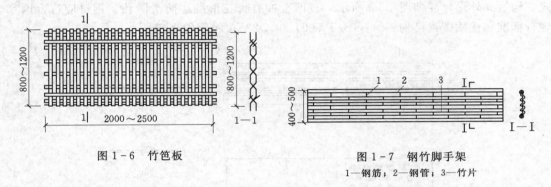

图1-6　竹笆板

图1-7　钢竹脚手架
1—钢筋；2—钢管；3—竹片

（5）钢竹脚手板。这种脚手板用钢管作直挡，钢筋作横挡，焊成趴爬梯式，在横挡间穿编竹片，如图1-7所示。

1.3.2　脚手架施工常用工具

1.3.2.1　钎子

钎子用于搭拆脚手架时拧紧铁丝。手柄上带槽孔和栓孔的钎子一般长30cm，可以附带槽孔用来拔钉子或紧螺栓，如图1-8所示。

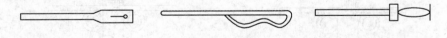

图1-8　手柄上带有槽孔和栓孔的钎子

1.3.2.2　扳手

扳手是一种旋紧或拧松有角螺栓、螺钉或螺母的开口或套孔固件的手工工具，主要用于搭设扣件式钢管脚手架时旋紧螺栓。使用时沿螺纹旋转方向在柄部施加外力，就能拧转螺栓或螺母。常用的扳手类型主要有活络扳手、开口扳手、扭力扳手等。

1. 活络扳手

活络扳手也叫活扳手，由呆扳唇、活扳唇、蜗轮、轴销和手柄组成，如图1-9所示。常用的活络扳手主要有250mm、300mm两种规格。

活络扳手使用的注意事项如下：

（1）扳动小螺母时，因需要不断地转动蜗轮来调节扳口的大小，所以手应靠近呆扳唇，并用大拇指调制蜗轮，以适应螺母的大小。

（2）活络扳手的扳口夹持螺母时，呆扳唇在上，活扳唇在下，切不可反过来使用。

（3）在扳动生锈的螺母时，可在螺母上滴几滴煤油或机油。

（4）在拧不动时，切不可采用钢管套在活络扳手的手柄上来增加扭力，因为这样极易损伤活络扳唇。

（5）不得把活络扳手当锤子用。

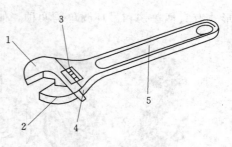

图1-9 活络扳手
1—呆扳唇；2—扳唇；3—蜗轮；
4—轴销；5—手柄

2. 开口扳手

开口扳手也叫呆扳手，有单头和双头两种，其开口和螺钉头、螺母尺寸相适应，并根据标准尺寸做成一套，如图1-10所示。

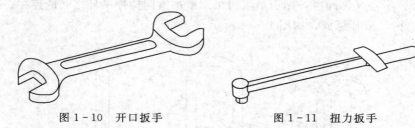

图1-10 开口扳手   图1-11 扭力扳手

3. 扭力扳手

扭力扳手又叫力矩扳手、扭矩扳手、扭矩可调扳手等，如图1-11所示。扭力扳手分为定值式、预置式两种。定值式扭力扳手，在拧转螺栓或螺母时，能显示出所施加的扭矩；预置式扭力扳手，当施加的扭矩到达规定值后，会发出信号。

（1）定值式扭力扳手使用方法。扭力扳手手柄上有窗口，窗口内有标尺，标尺显示扭矩值的大小，窗口边上有标准线。当标尺上的线与标准线对齐时，该点的扭矩值代表当前的扭矩预紧值。

设定预紧扭矩值的方法是，先松开扭矩扳手尾部的尾盖，然后旋转扳手尾部手轮。管内标尺随之移动，将标尺的刻线与管壳窗口上的标准线对齐。

（2）预置式扭力扳手使用方法。预置式扭力扳手是指扭矩的预紧值是可调的，使用时根据需要进行调整，使用扳手前，先将需要的实际拧紧扭矩值预置到扳手上，当拧紧螺纹紧固件时，若实际扭矩与预紧扭矩值相等，扳手会发出"咔嗒"报警响声，此时应立即停止扳动，释放后扳手自动为下一次自动设定预紧扭矩值。

1.3.2.3 吊具

吊具是吊装脚手架材料时使用的重要工具，主要包括吊钩、套环、卡环（卸甲）、钢丝绳卡、横吊梁、花篮螺杆等。

（1）吊钩。吊钩是起重装置钩挂重物的吊具。吊钩有单钩、双钩两种形式。常用单钩形式有直柄单钩和吊环圈单钩两种，如图1-12所示。

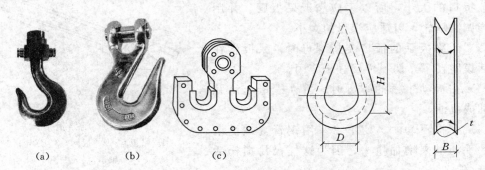

图1-12 吊钩
(a) 直柄单钩；(b) 吊环圈单钩；(c) 双钩

图1-13 套环

（2）套环。套环装置在钢丝绳的端头，使钢丝绳在弯曲处呈弧形，不易折断。其装置如图1-13所示。

（3）卡环。卡环又称卸甲，用于吊索与吊索或吊索同构件吊环之间的连接。卡环由一个止动锁和一个U形环组成，如图1-14所示。

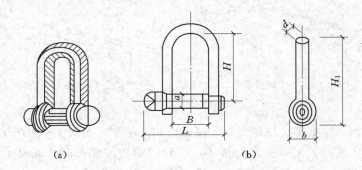

图1-14 卡环
(a) 实物；(b) 结构

（4）钢丝绳卡。钢丝绳卡用于钢丝绳的连接、接头等，是脚手架和起重吊装作业中应用较广泛的钢丝绳夹具。其主要有骑马式、压板式和拳握式3种形式，各形式装置如图1-15所示。其中，骑马式连接力最强，应用最广。

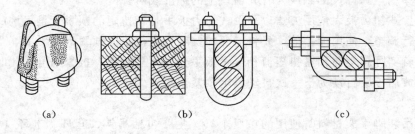

图1-15 钢丝绳卡
(a) 骑马式；(b) 压板式；(c) 拳握式

（5）横吊梁。横吊梁又称铁扁担，用于承担吊索对构件的轴向压力和减少起吊高度。其装置如图1-16所示。

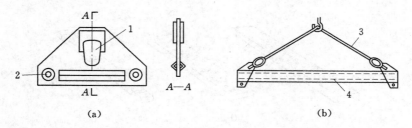

图1-16　横吊梁

（a）钢板横吊梁（吊柱子用）；（b）一字形横吊梁（吊屋架等用）

1—挂起重机吊钩的孔；2—挂吊索的孔；3—吊索；4—金属支杆

（6）花篮螺杆。花篮螺杆又称松紧螺栓或拉紧器，能拉紧和调节钢丝绳的松紧程度，用于捆绑运输中的构件，如图1-17所示。在安装构件中，可利用花篮螺栓调整缆风绳的松紧。

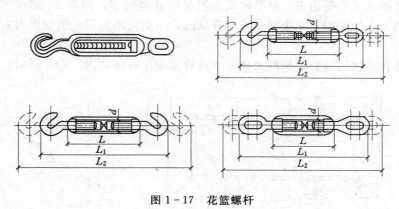

图1-17　花篮螺杆

学习单元1.4　脚手架安全设施

1.4.1　脚手板

脚手板是脚手架搭设中的基本辅件，因为脚手架本身是杆件结构，不能构成操作台，一般是依靠脚手板的搭设而形成操作台。脚手板用作操作台是承受施工荷载的受弯构件，因而最重要的要满足承载能力的要求。

应用最广泛的脚手板是木脚手板，一般采用松木板，厚度为50mm，根据北京建工集团的规定，宽度应为230～250mm。这是由于脚手板除能承受3kN/m² 的均布荷载外，还能承受双轮车的集中荷载100kg。脚手板一般是搭设于排木之上，主要承受弯曲应力。其承载能力的确定除荷载外，即是其跨度。支撑脚手板的排木间距以不大于2m为宜。脚手板的过大挠度不利于安全使用。

除了木脚手板外，尚有薄钢板制作的多孔型脚手板、竹片编制的竹拍子以及其他专用的脚手板，如图1-18所示，根据施工的具体情况予以选用。

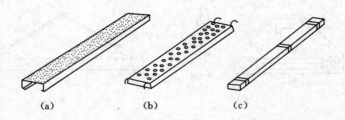

图1-18　脚手板
(a) 钢脚手板；(b) 专用脚手板；(c) 木脚手板

1.4.2　安全网

作为安全"三宝"之一的安全网时常作为保证脚手架安全的主要设施。安全网的主要功能是高空作业人员坠落时的承接与保护物，因而要有足够的强度，并应柔软且有一定弹性，以确保坠落人员不受伤害。最早的安全网是由麻绳制作，四周为主绳，中间为网绳，网眼的孔径稍大。为了能使安全网处于展开状况，一般需用杉篙或钢管作为支撑杆，形成防护网。

现以普通建筑物周围的防护网为例，其搭设和应用方法如图1-19所示。

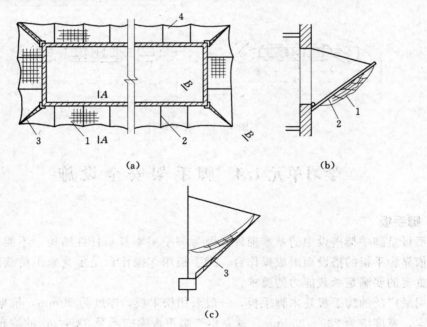

图1-19　防护网整体构造
(a) 安全网平面；(b) A—A剖面；(c) B—B剖面
1—安全网；2—支杆；3—抱角架；4—钢丝绳

防护网由支杆与安全网构成，支杆下端在建筑物上可以旋转，支杆上端扣结安全网一端，安全网的另一端固定在建筑物上。操作时将立杆立在建筑物旁，安全网固定好之后用支杆自重放下成倾斜状态并将安全网展开。为了保证支杆端之间的距离，支杆两端都可采用钢管固定。当作为整体建安全网时，此端部纵向连杆可采用钢丝绳，但为了使钢丝绳持绷紧状态，在建筑物四角要设抱角架。抱角架的结构除要与建筑物连接外，还要使架子工能够操作。

为了提高安全网的耐久性，现在安全网已多用尼龙绳制作。《安全网》（GB 5725—2009）对安全网的各项技术要求及试验检测方法作出了具体规定。

关于安全网设置的要求，可按照各地区脚手架的操作规程予以确定。

随着高层建筑高度的不断增加，挂设安全网的难度也越来越大。这是由于安全网采用自底往上多层（每层相距10m）悬挂式。为了减少挂安全网的工作，增加操作安全，最近多采用全封闭的密目安全网。此种安全网采用尼龙丝编制，孔径很小，不仅可以防止人员坠落，而且可以防止物体坠落。这种安全网一般是附着于脚手架的外面，因而不需要承受很大冲击力。

1.4.3 爬梯和马道

为了满足人员上下以及搬运建材及工具的需要，脚手架时常要附带搭设爬梯或马道。在木脚手架中时常采用斜脚手板上钉防滑条的方式形成爬梯，但在钢管脚手架中使用定型的爬梯件（图1-20）似乎更为合理。

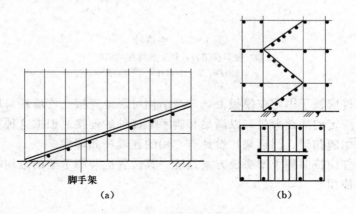

脚手架

(a)   (b)

图1-20　斜坡马道与爬梯
(a) 斜坡马道；(b) 爬梯

1.4.4 承料平台

配合高层现浇结构的施工，一般要装设承料平台，用于堆放钢模及支撑杆等。承料平台一般采用钢制，采用钢丝绳作为斜拉杆，支撑于楼板或立柱上，如图1-21所示。

1.4.5 连墙杆

脚手架与建筑物相接的连墙杆是极为重要的安全保证构件，它是保证单排及双排脚手架侧向稳定和确定立杆计算长度的构件。连墙杆与建筑物连接的好坏直接影响到脚手架的

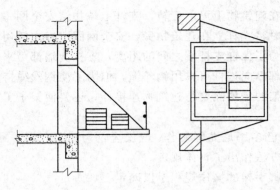

图 1-21 承料平台

承载力，因为脚手架主要受力构件的立杆作为细长受压构件，其承载能力决定于其细长比，也就是连墙杆之间的距离。如果连墙杆不够牢固，则其细长比将会加大而降低承载力。

连墙杆在建筑物上有预留口（砌体结构）或预留孔处，可采用 ϕ48mm 钢管与扣件扣接而成。当建筑物为钢筋混凝土结构无预留口时，可在混凝土中放置预埋件，形成连墙杆，如图 1-22 所示。

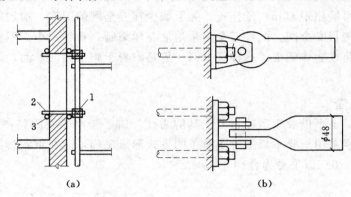

(a)   (b)

图 1-22 连墙杆
(a) 窗口拉结杆；(b) 预埋件拉结杆
1—扣件；2—小横杆；3—横杆

连墙杆的埋件应便于固定在模板上，并与结构可靠地连接；连墙杆与埋件的连接既要足够牢固又应有一定的活动余量，以满足与脚手架杆件的连接。根据这种要求，对于专门的脚手架体系（如碗扣架、门形架）设计有专用的连墙杆和埋件。

连墙杆的埋件应按照脚手架搭设方案预埋，其位置应与脚手架的结构相协调；否则可能造成埋件无法使用。

学习单元 1.5 脚手架安全管理

1.5.1 安全技术管理要求

1) 脚手架和支撑架要严格履行编制、审核和批准的程序，参加上述三大步骤的人员必须是能掌握脚手架结构设计技术的人员，以保证施工的安全。

2) 脚手架和支撑架的施工设计，应对架体结构提出相应的结构平面图、立面图、剖面图，并根据使用情况进行相应的结构计算，计算书应明确无误，并提出施工的重点措施和要求。

3) 在施工前应由"施工设计"的设计者对现场施工人员进行技术交底，并应达到使操作者掌握的目的。

4）架体在搭设完（支撑架）或在使用前（脚手架）进行检查验收，达到设计要求方可投入使用。

1.5.2　操作人员要求

1）对从事高空作业的人员要定期进行体检，凡患有高血压、心脏病、贫血、癫痫病以及不适合高空作业的人员不得从事高空作业。饮酒后禁止高空作业。

2）高空作业人员衣着要便利，禁止赤脚、赤膊及穿硬底、高跟、带钉、易滑的鞋或拖鞋从事高空作业。

3）进入施工区域的所有工作人员、施工人员必须按要求戴安全帽。

4）从事无可靠防护作业的高空作业人员必须系安全带，安全带要挂在牢固的地方。

1.5.3　架体结构检查

1）首先检查架体结构是否符合施工设计的要求，未经设计及审批人员批准不得随意改变架体整体结构。

2）重点检查节点的扣件是否扣牢，尤其是扣件式脚手架不得有"空扣"和"假扣"现象。

3）对斜杆的设置应重点检查。

1.5.4　脚手架防护

1）双排脚手架操作台的脚手板要铺平、铺严；两侧要有挡脚板和两道牢固的护身栏或立挂安全网，与建筑物的间隙不得大于15cm。

2）满堂红脚手架高度在6m以下时，可铺花板，但间隙不得大于20cm，板头要绑牢，高度在6m以上时必须铺严。

3）建筑物顶部施工的防护架子高度要超出坡屋面挑檐栖板1.5m或高于平屋面女儿墙顶1.0m，高出部分要绑两道护身栏和立挂安全网。

1.5.5　安全网设置

1）凡4m以上的在施工程，必须随施工层支3m宽的安全网，首层必须固定一道3～6m宽的底网。高层建筑施工时，除首层网外，每隔10m还要固定一道安全网。施工中要保证安全网完整有效，受力均匀，网内不得有堆积物。网间搭挂要严密，不得有缝隙。

2）在施工程的电梯井、采光井、螺旋式楼梯口，除必须设有防护栏杆外，还应在井口内固定安全网，除首层一道外，每隔3层另设安全网。

3）在安装阳台和走廊底板时，应尽可能把栏板同时装好。如不能及时安装，要将阳台三面严密防护，其高度要超出底板10m以上。

1.5.6　施工现场安全措施

施工现场内的一切孔洞，如电梯井口、楼梯口、施工洞出入口、设备口和井、沟槽、池塘以及随墙洞口、阳台门口等，必须加门、加盖，设围栏并加警告标志。

1）层高3.6m以下的室内作业所用的铁凳、木凳、人字梯要拴牢固，设防滑装置，两支点间跨度不得大于3.0m，只允许一人在上操作；脚手板宽度不得小于25cm；双层凳和人字梯要互相拉牢，单梯坡度不得小于 60°和大于 70°；底部要有防滑措施。

　　2）作业中禁止投掷物料。清理楼内物料时，应设溜槽或使用垃圾桶，手持工具和零星物料应随手放在工具袋内。安装玻璃要防止坠落，严禁抛撒碎玻璃。

　　3）施工现场操作人员要严格做到活完脚下清。斜道、过桥、跳板要有人负责维修和清理，不得存放杂物。冬雨期要采取防滑措施，禁止使用飞跳板。

学习项目2 实 训 项 目

学习单位2.1 落地扣件式钢管脚手架

落地式外脚手架是指从地面搭设的脚手架，随建筑结构的施工进度而逐层增高。落地钢管脚手架是应用最广泛的脚手架之一。

2.1.1 分类

落地式钢管外脚手架分普通脚手架和高层建筑脚手架。普通脚手架是指10层以下、高度在30m以内建筑物施工搭设的脚手架。高层建筑脚手架是指10层及10层以上、高度超过23m但在100m以内的建筑物施工搭设的脚手架。

落地式钢管外脚手架搭设分封圈型和开口型。封圈型脚手架是指沿建筑物周边交圈搭设的脚手架［图2-1（a）］。开口型脚手架是指沿建筑物周边没有交圈搭设的脚手架［图2-1（b）］。

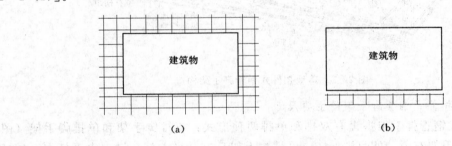

(a)   (b)

图2-1 封闭型和开口型脚手架

2.1.2 构造

2.1.2.1 构造和组成

落地扣件式钢管脚手架，由立杆、纵向水平杆（大横杆）、横向水平杆（小横杆）、纵向支撑（剪刀撑）、横向支撑（横斜杆）、连墙件等组成（图2-2）。

（1）立杆垂直于地面的竖向杆件，是承受自重和施工荷载的主要杆件。

（2）纵向水平杆（又称大横杆），沿脚手架纵向（顺着墙面方向）连接各立杆的水平杆件，其作用是承受并传递施工荷载给立杆。

（3）横向水平杆（又称小横杆），沿脚手架横向（垂直墙面方向）连接内、外排立杆的水平杆件，其作用是承受并传递施工荷载给立杆。

（4）扫地杆。连接立杆下端、贴近地面的水平杆，其作用是约束立杆下端部的移动。

（5）剪刀撑。在脚手架外侧面设置的呈十字交叉的斜杆，可增强脚手架的稳定性和整体刚度。

（6）横向斜撑。在脚手架的内、外立杆之间设置并与横向水平杆相交呈之字形的斜杆，可增强脚手架的稳定性和刚度。

（7）连墙件。连接脚手架与建筑物的杆件。

（8）主节点。立杆、纵向水平杆、横向水平杆 3 杆紧靠的扣接点。

（9）底座。立杆底部的垫座。

（10）垫板。底座下的支承板。

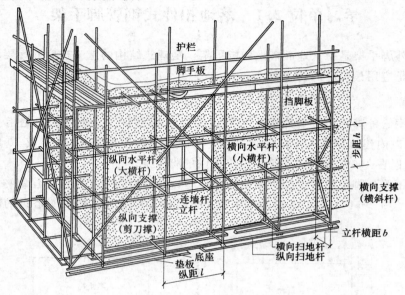

图 2-2　落地扣件式钢管脚手架构造

2.1.2.2　落地扣件式钢管脚手架的主要尺寸

落地扣件式钢管脚手架搭设有双排和单排两种形式：双排脚手架和单排脚手架（图 2-3）。双排脚手架有内、外两排立杆；单排脚手架只有一排立杆，横向水平杆有一端插置在墙体上。

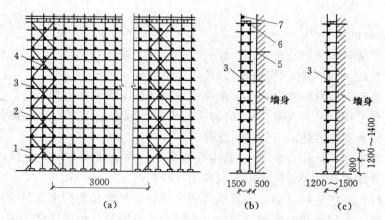

图 2-3　落地扣件式钢管脚手架

（a）立面图；（b）双排架；（c）单排架

1—立杆；2—纵向水平杆；3—横向水平杆；4—剪力撑；5—连墙件；6—脚手板；7—护栏

落地扣件式钢管脚手架中主要尺寸如下：

（1）脚手架高度 H。是指立杆底座下皮至架顶栏杆上皮之间的垂直距离。

（2）脚手架长度 L。是指脚手架纵向两端立杆外皮间的水平距离。

（3）脚手架的宽度 B。双排架是指横向内、外两立杆外皮之间的水平距离。单排架是指立杆外皮至墙面的距离。

（4）立杆步距 h。是指上、下两相邻水平杆轴线间的距离。

（5）立杆纵距（跨距）L。是指脚手架中两纵向相邻立杆轴线间的距离。

（6）立杆横距 l_0。双排架是指横向内、外两主杆的轴线距离。单排架是指主杆轴线至墙面的距离。

（7）连墙件间距。脚手架中相邻连墙件之间的距离。

（8）连墙件竖距。上、下相邻连墙件之间的垂直距离。

（9）连墙件横距。左、右相邻连墙件之间的水平距离。

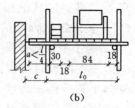

图 2-4　脚手架立杆横距
（a）单排脚手架；（b）双排脚手架

1. 立杆横距 l_0

在选定脚手架的立杆横距时，应考虑脚手架作业面的横向尺寸要满足施工作业人员的操作、施工材料的临时堆放及运输等要求，图 2-4 给出了必要的横向参考尺寸。

表 2-1 列出了脚手架在不考虑行走小车情况下的立杆横距 l_0 及其他一些横向参考尺寸。

表 2-1　　　　　　　　脚手架的立杆横距 l_0 等横向参考尺寸　　　　　　　　单位：m

尺寸类型	结构施工脚手架	装修施工脚手架
双排脚手架立杆横距 l_0	1.05～1.55	0.80～1.55
单排脚手架立杆横距 l_0	1.45～1.80	1.15～1.40
横向水平杆里端距墙面距离 a	100～150	150～200
双排脚手架里立杆距墙体（结构面）的距离 c	350～500	350～500

从表 2-1 中可看出：

（1）结构施工脚手架因材料堆放及运输量大，其立杆横距应比装修脚手架的立杆横距大。

（2）装修施工（如墙面装饰施工）比结构施工需要有更宽的操作空间，所以装修施工脚手架的横向水平杆里端距墙面的距离 a 比结构施工脚手架的要大。

（3）为了保证施工作业人员有足够的活动空间，双排脚手架［图 2-4（b）］里立杆距墙体结构面的距离宜为 350～500mm。

2. 脚手架立杆跨距 l

不论是单排脚手架、双排脚手架、结构脚手架还是装修脚手架，立杆跨距一般取 1.0～2.0m，最大不要超过 2.0m。

常用的脚手架跨距参考值见表 2-2，具体数值需进行计算选定。

3. 脚手架步距 h

表 2-2　脚手架立杆跨距参考值　　单位：m

脚手架高度 H	脚手架立杆的纵向间距 l_a
<30	1.8~2.0
30~40	1.4~1.8
40~50	1.2~1.6

考虑到地面施工人员在穿越脚手架时能安全顺利通过，脚手架底层步距应大些，一般为离地面 1.6~1.8m，最大不超过 2.0m。

不同的施工操作内容（如砌筑、粉刷、贴面砖等）其操作需要的空间高度也不同。为了便于施工操作，对脚手架的步距会有限制；否则，步距超过一定高度时，作业人员将会无法操作。除底层外，脚手架其他层的步距一般为 1.2~1.6m，结构施工脚手架的最大步距不超过 1.6m，装修施工脚手架的最大步距不超过 1.8m。

4. 脚手架的搭设高度 H

脚手架的搭设高度因脚手架的类型、形式及搭设方式的不同而不同。落地扣件式钢管单排脚手架的搭设高度一般不超过 24m，双排脚手架的搭设高度一般不超过 50m。

当脚手架高度超过 50m 时，钢管脚手架则采取以下加强措施：

1）脚手架下部采用双立杆（高度不得低于 5~6m），上部采用单立杆（高度应小于 35m）（图 2-5）。

2）分段组架布置，将脚手架下段立杆的跨距减半（图 2-6）。上段立杆跨距较大部分的高度应小于 35m。

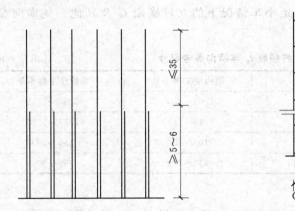

图 2-5　下部双立杆布置（单位：m）

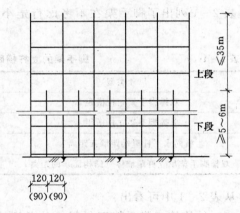

图 2-6　分段组架布置（单位：mm）

2.1.3　搭设

2.1.3.1　施工准备

1. 施工技术交底

工程的技术负责人应按工程的施工组织设计和脚手架施工方案的有关要求，向施工人员和使用人员进行技术交底。通过技术交底，应了解以下主要内容：

1）工程概况，待建工程的面积、层数、建筑物总高度、建筑结构类型等。

2）选用的脚手架类型、形式，脚手架的搭投高度、宽度、步距、跨距及连墙杆的布置等。

3）施工现场的地基处理情况。

4）根据工程综合进度计划，了解脚手架施工的方法和安排、工序的搭接、工种的配合等情况。

5）明确脚手架的质量标准、要求及安全技术措施。

2. 脚手架的地基处理

落地脚手架须有稳定的基础支承，以免发生过量沉降，特别是不均匀沉降，引起脚手架倒塌。对脚手架的地基要求如下：

1）地基应平整夯实。

2）有可靠的排水措施，防止积水浸泡地基。

3. 脚手架的放线定位、垫块的放置

根据脚手架立柱的位置进行放线。脚手架的立柱不能直接立在地面上，立柱下应加设底座或垫块，具体做法如下：

（1）普通脚手架。垫块宜采用长 2.0～2.5m、宽不小于 200mm、厚 50～60mm 的木板，垂直或平行于墙横放置，在外侧挖一浅排水沟（图 2-7）。

（2）高层建筑脚手架。在地基上加铺道渣、混凝土预制块，其上沿纵向铺放槽钢，将脚手架立杆底座置于槽钢上。采用道木来支承立柱底座（图 2-8）。

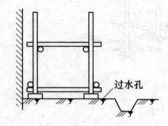

图 2-7 普通脚手架的基底

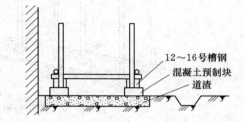

图 2-8 高层脚手架的基底

2.1.3.2 搭设要求

1. 构架单元搭设

脚手架一次搭设的高度不应超过相邻连墙件以上两步。脚手架按形成基本构架单元的要求，逐排、逐跨、逐步地进行搭设。

矩形周边脚手架可在其中的一个角的两侧各搭设一个 1～2 根杆长和 1 根杆高的架子，并按规定要求设置剪刀撑或横向斜撑，以形成一个稳定的起始架子，如图 2-9 所示，然后向两边延伸，至全周边都搭设好后，再分步满周边向上搭设。

在搭设脚手架时，各杆的搭设顺序为：摆放纵向扫地杆→逐根树立杆（随即与纵向扫地杆扣紧）→安放横向扫地杆（与立杆或纵向扫地杆扣紧）→安装第一步纵向水平杆和横向水平杆→安装第二步纵向和横向水平杆→加设临时抛撑（上端与第二步纵向水平杆扣紧，在设置两道连墙杆后可拆除）→安装第三、四步纵向和横向水平杆；设置→连墙杆→安装横向斜撑→接立杆→加设剪刀撑；铺脚手板→安装护身栏杆和扫脚板→立挂安全网。

2. 摆放扫地杆、树立杆

脚手架必须设置纵、横向扫地杆。根据脚手架的宽度摆放纵向扫地杆，然后将各立杆的底部按规定跨距与纵向扫地杆用直角扣件固定，并安装好横向扫地杆，如图 2 - 10 所示。

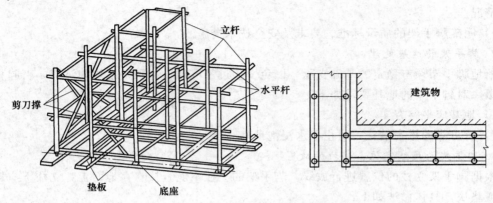

图 2-9 脚手架搭设的起始架子

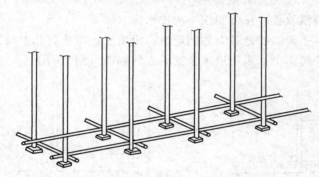

图 2-10 摆放扫地杆、树立杆

立杆要先树里排立杆，后树外排立杆；先树两端立杆，后树中间各立杆。每根立杆底部应设置底座或垫板。纵向扫地杆固定在立杆内侧，其距底座上皮的距离不应大于 200mm。横向扫地杆应采用直角扣件固定在紧靠纵向扫地杆下方的立杆上，或者紧挨着立杆，固定在纵向扫地杆下侧（图 2-11）。

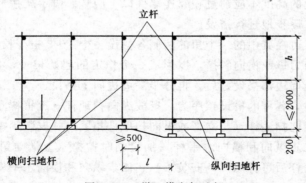

图 2-11 纵、横向扫地杆

3. 安装纵向水平杆和横向水平杆

在树立杆的同时，要及时搭设第一、二步纵向水平杆和横向水平杆，以及临时抛撑或

22

连墙杆，以防架子倾倒，如图2-12所示。

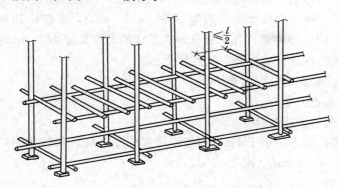

图2-12 脚手架纵向、横向水平杆安装

在双排脚手架中，横向水平杆靠墙一端的外伸长度应不大于0.4L且不大于500mm，其靠墙一端端部离墙（装饰面）的距离应不大于100mm（图2-13）。

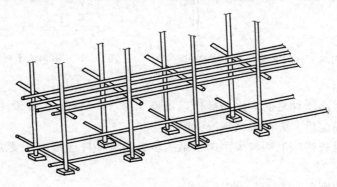

图2-13 脚手架纵向、横向水平杆安装

单排脚手架的横向水平杆的一端用直角扣件固定在纵向水平杆上，另一端应插入墙内，其插入长度不应小于180mm（图2-14）。

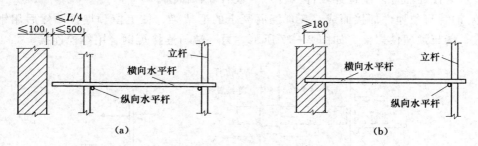

图2-14 纵向水平杆构造

在主节点处必须设置横向水平杆，并在架子的使用过程中严禁拆除。

作业层上非主节点处的横向水平杆应根据支承脚手板的需要，等距离设置（用直角扣件固定在纵向水平杆上），最大间距应不大于1/2跨距。

作业层上非主节点处的纵向水平杆，应根据铺放脚手板的需要，等间距设置（用直角扣件固定在横向水平杆上），其间距应不大于 400mm。

每根纵向水平杆的钢管长度至少跨越 3 跨（4.5～6m），安装后其两端的允许高差要求在 20mm 之内。同一跨内里、外两根纵向水平杆的允许高应小于 10mm（图 2-15）。

纵向水平杆安装在立杆的内侧，优点如下：

1）方便立杆接长和安装剪刀撑。

2）对高空作业更为安全。

3）可减少横向水平杆跨度。

搭接时，搭接长度不应小于 1m，用等距设置的 3 个旋转扣件固定，端部扣件盖板边缘至杆端距离不小于 100mm（图 2-16）。

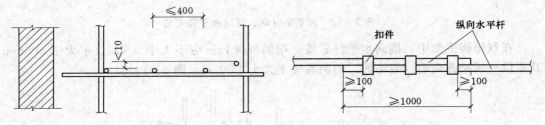

图 2-15　纵向水平杆的间距、允许高差　　图 2-16　纵向水平杆的搭接连接

4. 设抛撑

在设置第一层连墙件之前，除角部外，每隔 6 跨（10～12m）应设一根抛撑，直至装设两道连墙件且稳定后，方可根据情况拆除。

抛撑应采用通长杆，上端与脚手架中第二步纵向水平杆连接，连接点与主节点的距离不大于 300mm。

抛撑与地面的倾角宜为 45°～60°。

5. 设置连墙件

连墙件有刚性连墙件和柔性连墙件两类。

（1）刚性连墙件。刚性连墙件（杆）一般有 3 种做法。

1）钢管与预埋件焊接而成。在现浇混凝土的框架梁、柱上留预埋件，然后用钢管或角钢的一端与预埋件焊接，如图 2-17 所示，另一端与连接短钢管用螺栓连接。

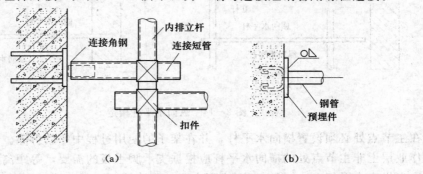

图 2-17　钢管焊接刚性连墙杆
（a）角钢焊接预埋件；（b）钢管焊接预埋件

2）用短钢管、扣件与钢筋混凝土柱连接（图2-18）。

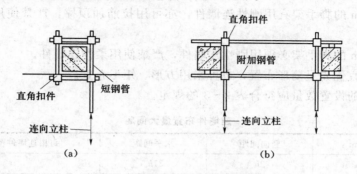

图2-18 钢管扣件柱刚性连墙件
(a) 单柱连接；(b) 多柱连接

3）用短钢管、扣件与墙体连接（图2-19）。

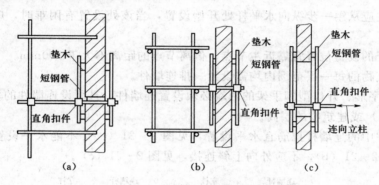

图2-19 钢管扣件墙刚性连墙件
(a) 单排架；(b) 双排架；(c) 窗洞处连接

（2）柔性连墙件。单排脚手架的柔性连墙件做法如图2-20（a）所示，双排脚手架的柔性连墙件做法如图2-20（b）所示。拉接和顶撑必须配合使用。其中拉筋用直径为6mm的钢筋或直径为4mm的铅丝，用来承受拉力；顶撑用钢管和木楔，用以承受压力。

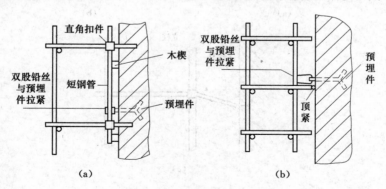

图2-20 柔性连墙件
(a) 单排架；(b) 双排架

(3) 连墙件的设置要求。

1) $H<24m$ 的脚手架宜用刚性连墙件，亦可用拉筋加顶撑，严禁使用仅有拉筋的柔性连墙件。

2) $H>24m$ 的脚手架必须用刚性连墙件，严禁使用柔性连墙件。

3) 连墙件宜优先呈菱形布置，也可采用方形、矩形布置。

4) 连墙件的设置数量应符合表 2-3 的规定。

表 2-3　　　　　　　　　　连墙件布置最大间距

脚手架高度/m		竖向间距	水平间距	每根连墙件覆盖面积/m²
双排	≤50	$2h$	$31h_a$	≤40
	>50	$2h$	$31h_a$	≥27
单排	≤24	$3h$	$31h_a$	≥40

注　h 代表步距；h_a 代表纵距。

5) 连墙件应从第一步纵向水平杆处开始设置，当该处设置有困难时，应采取其他可靠措施。

6) 连墙杆的设置位置宜靠近主节点，偏离节点的距离不大于 300mm。

7) 在建筑物的每一层范围内均需设置一排连墙件。

8) "一"字形、开口型脚手架的两端必须设置连墙件，且所设连墙件的垂直间距不应大于 4m（2 步）或建筑物的层高。

9) 连墙件中的连墙杆拉筋宜水平设置，见图 2-21（a），不能水平设置时应外向下斜连接，见图 2-21（b），不应外向上斜连接，见图 2-21（c）。

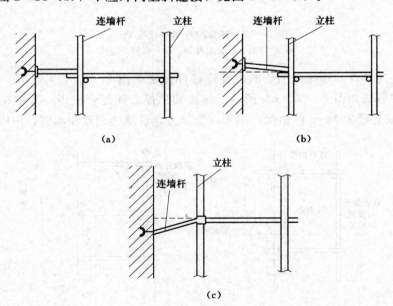

图 2-21　连墙杆设置

6. 接立杆

扣件式钢管脚手架中立柱，除顶层顶步可采用搭接接头外，其他各层各步必须采用对接扣件连接（对接的承载能力比搭接大 2.14 倍）。

（1）立杆的对接接头应交错布置，具体要求如下：

1）两根相邻上的接头不得设置在同步内，且接头的高差不小于 500mm [图 2 - 22 (a)]。

2）各接头中心至主节点的距离不宜大于步距的 1/3 [图 2 - 22 (a)]。

3）同步同隔一根立杆两相隔接头在高度方向上错开的距离（高差）不得小于 500mm [图 2 - 22 (b)]。

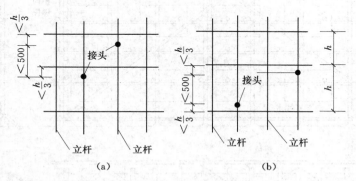

图 2 - 22　立柱对接接头

（2）立杆搭接时搭接长度不应小于 1m，至少用两个旋转扣件固定，端部扣件盖板边缘至杆距离不小于 100mm。

在搭设脚手架立杆时，为控制立杆的偏斜，对立杆的垂直度应进行检测（用经纬仪或吊线和卷尺），而立杆的垂直度用控制水平偏差来保证。

7. 设置横向斜撑

设置横向斜撑可以提高脚手架的横向刚度，并能显著提高脚手架的稳定性和承载力。横向斜撑应随立杆、纵向水平杆、横向水平杆等同步搭设。

横向斜撑应符合以下规定：

1）一道横向斜撑应在同一节间内由底到顶呈之字形连续布置（图 2 - 23）。

2）一字形、开口型双排脚手架的两端必须设置横向斜撑，在中间宜每隔 6 跨设置一道。

3）高度在 24m 以上封圈型双排脚手架，在拐角处应设置横向斜撑，中间应每隔 6 跨设置一道。

4）高度在 24m 以下封圈型双排脚手架可以不设横向斜撑。

5）斜撑杆宜采用旋转扣件固定在与之相交的横向水平杆的伸出端（扣件中心线与主节点的距离不宜大于 150mm），底层斜杆的下端必须支承在垫块或垫板上。

8. 脚手架整体稳定

脚手架有两种可能的失稳形式，即整体失稳和局部失稳。整体失稳破坏时，脚手架呈现出内、外立杆与横向水平杆组成的横向框架，沿垂直主体结构方向大波鼓曲现象，波长

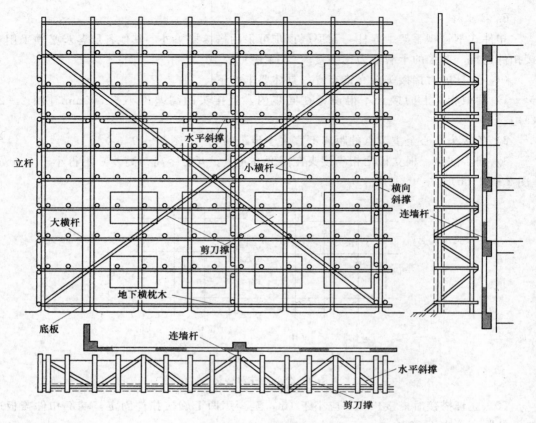

图 2-23 横向斜撑设置

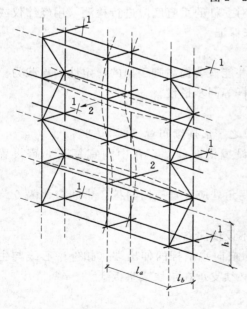

图 2-24 双排脚手架的整体失稳
1—连墙件；2—失稳方向

均大于步距，并与连墙件的竖向间距有关。整体失稳破坏始于无连墙件的横向刚度较差或初弯曲较大的横向框架（图 2-24）。一般情况下，整体失稳是脚手架的主要破坏形式。

局部失稳破坏时，立杆在步距之间发生小波鼓曲，波长与步距相近，内、外立杆变形方向可能一致，也可能不一致。

当脚手架以相等步距、纵距搭设，连墙件设置均匀时，在均布施工荷载作用下，立杆局部稳定的临界荷载高于整体稳定的临界荷载，脚手架破坏形式为整体失稳。当脚手架以不等步距、纵距搭设，或连墙件设置不均匀，或立杆负荷不均匀时，两种形式的失稳破坏均有可能。

9. 设置剪刀撑

设置剪刀撑可增强脚手架的整体刚度和稳定性，提高脚手架的承载力。不论是双排脚手架还是单排脚手架，均应设置剪刀撑。

剪刀撑是防止脚手架纵向变形的重要措施，合理设置剪刀撑可以提高脚手架承载能力12%以上。

剪刀撑应随立杆、纵向水平杆、横向水平杆的搭设同步搭设。

高度24m以下的单、双排脚手架必须在外侧立面的两端各设置一道从底到顶连续的剪刀撑，中间各道剪刀撑之间的净距不应大于15m［图2-25（a）］。

高度24m以上的双排脚手架应在整个外侧立面上连续设置剪刀撑［图2-25（b）］。

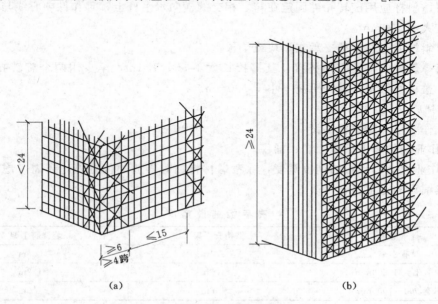

图2-25 剪刀撑设置（单位：m）

每道剪刀撑至少跨越4跨，且宽度不小于6m（图2-25）。如果跨越的跨数少，剪刀撑的效果不显著，脚手架的纵向刚度会较差。

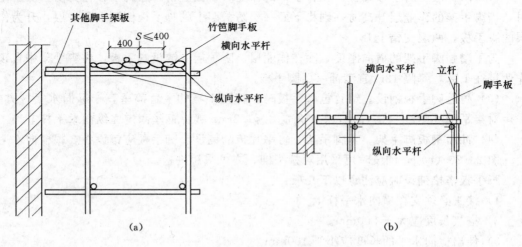

图2-26 竹笆脚手板

（a）竹笆脚手板铺设；（b）竹串片板的铺设

每道剪刀撑跨越立杆的根数宜根据表 2-4 的规定确定。

表 2-4   剪 刀 撑 设 置

斜杆与地面的倾角/(°)	剪刀撑跨越的立杆最多根数/根
45	7
50	6
60	5

剪刀撑斜杆应用旋转扣件固定在与之相交的横向水平杆上，且扣件中心线与主节点的距离不宜大于 150mm。

底层斜杆的下端必须支承在垫块或垫板上。

剪刀撑斜杆的接长宜用搭接，其搭接长度不应小于 1m，至少用两个旋转扣件固定，端部扣件盖板边缘至杆端的距离不小于 100mm。

10. 铺脚手板

（1）作业层上脚手板铺设。

1）作业层的脚手板应铺满、铺稳。

2）作业层上脚手板的铺设宽度，除考虑材料临时堆放的位置外，还需考虑手推车的行走，其铺设的宽度可参考表 2-5。

表 2-5   脚 手 板 铺 设 宽 度

行车情况	结构脚手架	装修脚手架
没有小车	≥1.0m	≥0.9m
车宽不大于 600mm	≥1.3m	≥1.2m
车宽 900~1000mm	≥1.6m	≥1.5m

3）脚手板边缘与墙面的间隙一般为 120~150mm，与挡脚板的间隙一般不大于 100mm。

（2）防护层上脚手板铺设。在脚手架的作业层下面应留一层脚手板作为防护层。施工时，当脚手架的作业层升高时，则将下面一层防护层上的脚手板倒到上面一层，升为作业层的脚手板，两层交错上升。

为了增强脚手架的横向刚度，除在作业层、防护层上铺设脚手板，在脚手架中自顶层作业层往下算，每隔 12m 宜满铺一层脚手板。

（3）竹笆脚手板铺设。铺竹笆脚手板时，将脚手板的主竹筋垂直于纵向水平杆方向，采用对接平铺［图 2-26（a）］，4 个角应用 φ1.2mm 镀锌钢丝固定在纵向水平杆上。

（4）冲压钢板脚手架、木脚手架、竹串片板的铺设。脚手板应铺设在 3 根横向水平杆上［图 2-26（b）］，铺设时可采用对接平铺，亦可采用搭接。

脚手板搭接铺设时应注意以下几项：

1）接头必须支在横向水平杆上。

2）搭接长度应大于 200mm。

3）伸出横向水平的长度应小于 100mm。

铺板时应注意以下几项：

1）作业层端部脚手板的一端探头长度应不超过 150mm，并且板两端应与支承杆固定牢靠。

2）装修脚手架作业层上横向脚手架的铺设不得小于 3 块。

3）当长度小于 2m 的脚手板铺设时，可采用两根横向水平杆支承，但必须将脚手板两端用 3.2mm 镀锌钢丝与支承杆可靠捆牢，严防倾翻。

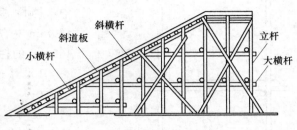

图 2-27　一字形斜道搭设

11.斜道搭设

脚手架斜道是施工操作人员的上、下通道，并可兼作材料的运输通道。

（1）斜道形式。斜道有"一"字形和之字形两种形式。

高度不大于 6m 的脚手架，宜用一字形斜道，其构造如图 2-27 所示。

高度大于 6m 的脚手架，宜用之字形斜道，其构造如图 2-28 所示。

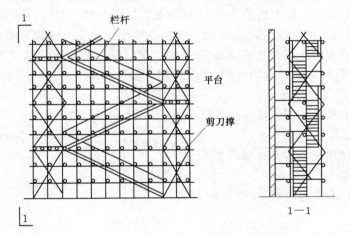

图 2-28　之字形斜道

（2）斜道的宽度和坡度。斜道的宽度和坡度按行人还是运料，分别选用：行人斜道的宽度应不小于 1m，坡度为 1:3；运料斜道的宽度应小于 1.5m，坡度为 1:6。

（3）斜道构造要求。

1）斜道应附着外脚手架或建筑物设置。

2）在斜道拐弯处应设置平台。

3）其宽度应不小于斜道宽度。

4）运料斜道两侧、平台外围和端部均设置连墙杆、剪刀撑和横向斜撑，每两架加设水平斜杆。

5）斜道两侧及平台外围均应设置栏杆和挡脚板。

12.栏杆和挡脚板搭设

在脚手架中离地（楼）面 2m 以上铺有脚手板的作业层，都必须在脚手架外立杆的内

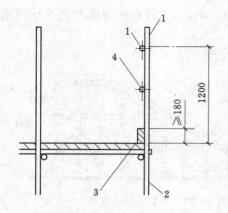

图 2-29 栏杆、挡脚板设置

1—上栏杆；2—立杆；3—挡脚板；4—中栏杆

侧设置两道栏杆和挡脚板。其构造如图 2-29 所示。

上栏杆的上皮高度为 1.2m，中栏杆高度应居中，挡脚板高度不应小于 180mm。挡脚板宽 180mm 左右，有时也可用一道高于脚手板 200～400mm 的栏杆踢脚杆替代。

13. 搭设安全网

（1）立网。沿脚手架的外侧面应全部设置立网，立网应与脚手架的立杆、横杆绑扎牢固。立网的平面应与水平面垂直；立网平面与搭设人员的作业面边缘的最大间隙不超过 100mm。

在操作层上，网的下口与建筑物挂搭封严，形成兜网，或在操作层脚手板下另设一道固定安全网。

（2）平网。脚手架在距离地面 3～5m 处设置首层安全网，上面每隔 3～4 层设置一道层间网。当作业层在首层以上超过 3m 时，随作业层设置的安全网称为随层网。

平网伸出脚手架作业层外边缘部分的宽度，首层网为 3～4m（脚手架高度 $H \leqslant 24m$ 时）、5～6m（脚手架高度 $H > 24m$ 时），随层网、层间网为 2.5～3m（图 2-30 和图 2-31）。

高层建筑脚手架的底部应搭设防护棚。

14. 脚手架封底

（1）脚手架封顶时，为保证施工的安全，其构造上有以下要求：

1）外排立杆必须超过房屋檐口的高度（图 2-32）。

若房屋有女儿墙时，必须超过女儿墙顶 1.0m；若是坡层顶，必须超过檐口顶 1.5m。

2）内排立杆则应低于檐口底 150～200mm。

3）脚手架最上排连墙件以上的建筑物高度应不大于 4m。

（2）房屋挑檐部位脚手架封顶。在房屋的挑檐部位搭设脚手架时，可用斜杆将脚手架挑出，如图 2-33 所示。

其构造有以下要求：

1）挑出部分的高度不得超过两步，宽度不超过 1.5m。

2）斜杆应在每根立杆上挑出，与水平面的夹角不得小于 60°，斜杆的两端均交于脚手架的主节点处。

3）斜杆间的距离不得大于 1.5m。

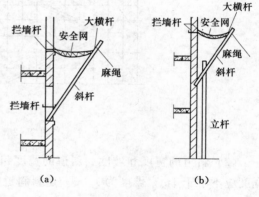

图 2-30 平网设置一

（a）墙面有窗口；（b）墙面无窗口

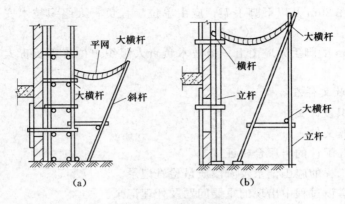

图 2-31 平网设置二

(a) 3m 水平网；(b) 6m 水平网

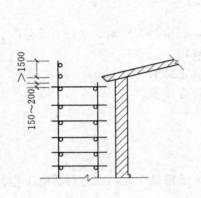

图 2-32 坡屋顶脚手架封顶

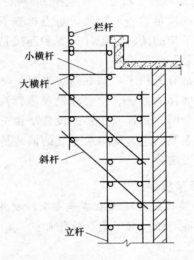

图 2-33 挑檐部位脚手架封顶

4）脚手架挑出部分最外排立杆与原脚手架的两排立杆，至少设置 3 道平行的纵向水平杆。

15．扣件安装注意事项

1）扣件规格必须与钢管规格相同。

2）对接扣件的开口应朝下或朝内以防雨水进入。

3）连接纵向（或横向）水平杆与立杆的直角扣件，其开口要朝上，以防止扣件螺栓滑丝时水平杆的脱落。

4）各杆件端头伸出扣件盖板边缘的长度应小于 100mm。

5）扣件螺栓拧紧力矩应不小于 40N·m，不大于 60N·m。

2.1.4　脚手架的检查、验收

1．检查、验收的组织

脚手架搭到设计高度后，应对脚手架的质量进行检查、验收，经检查合格者方可验收交付使用。高度在 20m 及以下脚手架，应由单位工程负责人组织技术安全人员进行检查验收。

高度大于 20m 的脚手架应由上一级技术负责人组织单位工程负责人及有关的技术人员进行检查验收。

2. 脚手架验收文件准备

（1）施工组织设计文件。

（2）技术交底文件。

（3）脚手架杆配件的出厂合格证。

（4）脚手架工程的施工记录及阶段质量检查记录。

（5）脚手架搭设过程中出现的重要问题及处理记录。

（6）脚手架工程的施工验收报告。

3. 脚手架的质量检查、验收项目

脚手架的质量检查、验收，重点检查下列项目，并需将检查结果记入验收报告。

（1）脚手架的架杆、配件设置和连接是否齐全，质量是否合格，构造是否符合要求，连接和挂扣是否坚固可靠。

（2）地基有无积水，基础是否平整、坚实，底座是否松动，立杆有无悬空。

（3）连墙件的数量、位置和设置是否符合规定。

（4）安全网的张挂及扶手的设置是否符合规定要求。

（5）脚手架的垂直度与水平度的偏差是否符合要求。

（6）是否超载。

2.1.5 脚手架拆除

1. 脚手架拆除的施工准备和安全防护措施

（1）准备工作。脚手架拆除作业的危险性大于搭设作业，在进行拆除工作前，必须做好以下准备工作：

1）当工程施工完成后，必须经单位工程负责人检查验证，确认脚手架不再需要后方可拆除。脚手架拆除必须由施工现场技术负责人下达正式通知。

2）脚手架拆除应制订拆除方案，并向操作人员进行技术交底。

3）全面检查脚手架是否安全。

4）拆除前应清除脚手架上的材料、工具和杂物，清理地面障碍物。

5）制定详细的拆除程序。

（2）安全措施。脚手架拆除作业的安全防护要求与搭设作业时的安全防护要求相同。

1）拆除脚手架现场应设置安全警戒区域和警告牌，并派专人看管，严禁非施工作业人员进入拆除作业区内。

2）应尽量避免单人进行拆卸作业；严禁单人拆除如脚手板、长杆件等较重、较大的杆部件。

2. 脚手架的拆除

脚手架的拆除顺序与搭设顺序相反，后搭的先拆，先搭的后拆。

扣件式钢管脚手架的拆除顺序为：安全网→剪刀撑→斜道→连墙件→横杆→脚手板→

斜杆→立杆→立杆底座。

脚手架拆除应自上而下逐层进行，严禁上、下同时作业。

严禁将拆卸下来的杆配件及材料从高空向地面抛掷，已吊运至地面的材料应及时运出拆除现场，以保持作业区整洁。

注意事项如下：

1) 连墙件必须随脚手架逐层拆除，严禁先将连墙件整层或数层拆除后再拆脚手架杆件。

2) 如部分脚手架需要保留而采取分段、分立面拆除时，对不拆除部分脚手架两端必须设置连墙件和横向斜撑。连墙件垂直距离不大于建筑物的层高，并不大于 2 步（4m）。横向斜撑应自底至顶层呈之字形连续布置。

3) 脚手架分段拆除高差不应大于 2 步，如高差大于 2 步，应增设连墙件加固。

4) 当脚手架拆至下部最后一根立杆高度（约 6.5m）时，应在适当位置先搭设临时抛撑加固后，再拆除连墙件。

5) 拆除立杆时，把稳上部，再松开下端的连接，然后取下。

6) 拆除水平杆时，松开连接后，水平托举取下。

3. 脚手架材料的整修、保养

拆下的脚手架杆配件，应及时检验、整修和保养，并按品种、规格分类堆放，以便运输、保管。

2.1.6 落地扣件式钢管脚手架实训

1. 实训任务

搭设钢管扣件式脚手架一字形斜道。斜道高 2m、长 6m、宽 1.5m，端部设置 1m 长、1.5m 宽的平台。

2. 实训目标

（1）知识目标和能力目标。

1) 熟悉脚手架搭设的安全技术要求。

2) 能计算材料及工具的用量，编制材料需用量计划，正确进行脚手架搭设材料、工具、场地的准备工作。

3) 熟悉一字形斜道的基本构造，掌握一字形斜道的搭设和拆除施工工艺。

4) 了解脚手架工程的质量通病，能分析其原因并提出相应的防治措施和解决办法。

（2）情感目标

1) 培养团队合作精神，养成严谨的工作作风。

2) 做到安全施工、文明施工。

3. 理论知识准备

（1）扣件式钢管脚手架的组成和构造。

（2）扣件式脚手架的材料用量计算。

（3）一字形斜道的安全技术要求。

（4）斜道的检查和验收。

4. 实训重点

(1) 脚手架搭设材料与工具的准备。

(2) 斜道搭设与拆除施工工艺。

5. 实训难点

(1) 脚手架搭设安全技术。

(2) 搭拆程序及工艺要求。

(3) 脚手架稳定性、坚固性的控制。

6. 计算材料用量

(1) 脚手架的尺寸见表2-6。

表 2-6 脚手架尺寸

序　号	规　格	尺　寸
1	立杆纵向间距	
2	立杆横向间距	
3	纵向水平杆步距	
4	横向水平杆间距	
5	斜杆的倾斜角度	

(2) 材料用量（见表2-7）。

表 2-7 材料用量

序　号	规　格	长　度	数　量
1	立杆		
2	纵向水平杆		
3	横向水平杆		
4	斜杆		
5	直角扣件		
6	旋转扣件		
7	对接扣件		

7. 在 A4 纸上绘制脚手架施工图

脚手架实物如图2-34所示。

8. 实训施工准备

(1) 清除搭设范围内的障碍物，平整场地，夯实基土，做好现场排水工作。

(2) 根据实训场地范围及脚手架尺寸，确定脚手架搭设方案。

(3) 确定立杆、纵向水平杆、横向水平杆、剪刀撑等所采用的钢管。

(4) 配备好扳手、钢丝钳、钢锯、挪头、铁锹、锄头等工具。

(5) 对钢管、扣件、脚手板等架料进行检查验收，不合格产品不得使用，经检验合格的构配件按品种、规格分类，堆放整齐。堆放场地不得有积水。

9. 搭设步骤

(1) 定位和安铺垫板、底座。

(2) 竖立杆和安放扫地杆。

(3) 安放纵向水平杆和横向水平杆。

(4) 安装斜道处纵向斜杆和横向水平杆。

(5) 铺满脚手板。

10. 质量要求

(1) 搭设脚手架的材料规格和质量必须符合要求，不能随便使用。

(2) 架子要有足够的坚固性和稳定性，应防止脚手架摇晃、倾斜、沉陷或倒塌。

图 2-34　实训示例

(3) 脚手板要铺稳、铺满，不得有探头板。

(4) 脚手架的架杆、配件设置和连接是否齐全，质量是否合格，构造是否符合要求，连接和挂扣是否紧固、可靠。

(5) 脚手架的垂直度与水平度的偏差是否符合要求。

11. 脚手架拆除

拆除顺序与搭设顺序相反，即从钢管脚手架的顶端拆起，后搭的先拆，先搭的后拆。其具体拆除顺序为：安全网→护身栏→挡脚板→脚手板→横向水平杆→纵向水平杆→立杆→连墙杆→剪刀撑→斜撑→拆除抛撑和扫地杆。

一字形斜道塔设考核验收表见表 2-8，学生工作页见表 2-9。

表 2-8　　　　　　　　　一字形斜道搭设考核验收表

实训项目		一字形斜道搭设		实训时间		实训地点	
姓名				班级		指导教师	
成绩							
序号	检验内容		要求及允许偏差	检验方法	验收记录	配分	得分
1	工作程序		正确的搭、拆程序	巡查		10	
2	坚固性和稳定性		脚手架无过大摇晃、倾斜	观察、检查		10	
3	立杆垂直度		±7mm	吊线和钢尺		10	
4	间距		步距：±20mm 柱距：±50mm 排距：±20mm	用钢尺检查		10	
5	纵向水平杆高差		一根杆两端：±20mm	用水平仪或水平尺检查		5	
			同跨度内、外纵向水平杆高差：±10mm			5	
6	扣件安装		主节点处各扣件中心点相互距离：Δ=150mm	用钢尺检查		5	
	扣件螺栓拧紧扭力矩		40~65N·m	扭力扳手		5	

序号	检验内容	要求及允许偏差	检验方法	验收记录	配分	得分
7	脚手板铺设	铺稳、铺满，不得有探头板；外伸长度符合要求	观察、用钢尺量测		10	
8	安全施工	安全设施到位	巡查		5	
		没有危险动作	巡查		5	
9	文明施工	工具完好、场地整洁	巡查		5	
	施工进度	按时完成	巡查		5	
10	团队精神	分工协作	巡查		5	
	工作态度	人人参与	巡查		5	

表 2-9　　　　　　　　　　　　　　一字形斜道搭设学生工作页

实训项目		实训时间		实训地点		
姓名		班级		指导教师		成绩	
知识要点			评分权重30%		得分：	
(1) 脚手架的施工组织						
(2) 一字形斜道的构造要求						
(3) 剪刀撑的作用和要求						
操作要领			评分权重50%		得分：	
(1) 记录一字形斜道搭设的工具						
(2) 记录一字形斜道搭设的材料						
(3) 扣件安装注意事项						
(4) 护身栏杆和安全网设置						
(5) 脚手板的铺设						
操作心得			评分权重20%		得分：	

学习单元 2.2 落地碗扣式钢管外脚手架

扣件式钢管脚手架应用虽然最为普遍，但在长期应用中也暴露出一些固有的缺陷，如下：

(1) 脚手架节点强度受扣件抗滑能力的制约，限制了扣件式钢管脚手架的承载能力。

(2) 立杆节点处偏心距大，降低了立杆的稳定性和轴向抗压能力。

(3) 扣件螺栓全部是由人工操作，其拧紧力矩不易掌握，连接强度不易保证。

(4) 扣件管理困难，现场丢失严重，增加了工程成本。

碗扣式钢管脚手架是一种多功能脚手架，目前广泛使用的 WDJ 型碗扣式钢管脚手架基本上解决了扣件式钢管脚手架的缺陷，它的特点如下：

(1) 独创了带齿的碗扣式接头，结构合理，解决了偏心距问题，力学性能明显优于扣件式和其他类型接头。

(2) 装卸方便，安全可靠，劳动效率高，功能多。

(3) 不易丢失零散扣件等。

2.2.1 分类

双排碗扣式钢管脚手架按施工作业要求与施工荷载的不同，可组合成轻型架、普通型架和重型架 3 种形式，它们的组框构造尺寸及适用范围列于表 2-10 中。

单排碗扣式钢管脚手架按作业顶层荷载要求，可组合成Ⅰ、Ⅱ、Ⅲ 3 种形式，它们的组框构造尺寸及适用范围见表 2-11。

表 2-10　　　　　　　碗扣式双排钢管脚手架组合型式

脚手架型式	廊道宽（m）×框宽（m）×框高（m）	适用范围
轻型架	1.2×2.4×2.4	装修、维护等作业
普通型架	1.2×1.8×1.8	结构施工最常用
重型架	1.2×1.2×1.8 或 1.2×0.9×1.8	重载作用，高层脚手架中的底部架

表 2-11　　　　　　　碗扣式单排钢管脚手架组合型式

脚手架型式	框宽（m）×框高（m）	适用范围
Ⅰ型架	1.8×0.8	一般外装修、维护等作业
Ⅱ型架	1.2×1.2	一般施工
Ⅲ型架	0.9×1.2	重载施工

2.2.2 构造

碗扣式钢管脚手架由钢管立杆、横杆、碗扣接头等组成，如图 2-35 和图 2-36 所示。其基本构造和搭设要求与扣件式钢管脚手架类似，不同之处主要在于碗扣接头。

碗扣接头是由上碗扣、下碗扣、横杆接头和上碗扣的限位销等组成。在立杆上焊接下碗扣和上碗扣的限位销，将上碗扣套入立杆内。在横杆和斜杆上焊接插头。组装时，将横杆和斜杆插入下碗扣内，压紧和旋转上碗扣，利用限位销固定上碗扣。

图 2-35　碗扣　　　　　　　　　　图 2-36　碗扣式钢管脚手架

　　碗扣式钢管脚手架立柱横距为 1.2m，纵距根据脚手架荷载可为 1.2m、1.5m、1.8m、2.4m，步距为 1.8m、2.4m。搭设时立杆的接长缝应错开，第一层立杆应用长1.8m 和 3.0m 的立杆错开布置，往上均用 3.0m 长杆，至顶层再用 1.8m 和 3.0m 两种长度找平。高 30m 以下脚手架垂直度偏差应控制在 1/200 以内，高 30m 以上脚手架应控制在 1/600～1/400，总高垂直度偏差应不大于 100mm。

　　碗扣式脚手架的杆配件按其用途可分为主构件、辅助构件和专用构件三类。

1. 主构件

　　主构件是用以构成脚手架主体的部件。其中的立杆和顶杆各有两种规格，在杆上均焊有间距 600mm 的下碗扣。若将立杆和顶杆相互配合接长使用，就可构成任意高度的脚手架。立杆接长时，接头应错开，至顶层后再用两种长度的顶杆找平。

　　（1）立杆由一定长度直径 48mm×3.5mm 钢管上每隔 0.6m 安装碗扣接头，并在其顶端焊接立杆焊接管制成。用作脚手架的垂直承力常用立杆为 3.0m、1.8m

　　（2）顶杆即顶部立杆，在顶端设有立杆的连接管，以便在顶端插入托撑。用作支撑架（柱）、物料提升架等顶端的垂直承力杆。

　　（3）横杆由一定长度的直径 48mm×3.5mm 钢管两端焊接横杆接头制成。用于立杆横向连接管或框架水平承力杆。

　　（4）单横杆仅在直径为 48mm×3.5mm 钢管一端焊接横杆接头；用作单排脚手架横向水平杆。

　　（5）斜杆在直径为 48mm×3.5mm 钢管两端铆接斜杆接头制成，用于增强脚手架的稳定强度，提高脚手架的承载力。斜杆应尽量布置在框架节点上。

（6）底座由 150mm×150mm×8mm 的钢板在中心焊接连接杆制成，安装在立杆的根部，用作防止立杆下沉，并将上部荷载分散传递给地基的构件。

2. 辅助构件

辅助构件是用于作业面及附壁拉结等的杆部件。

（1）间横杆是为满足普通钢或木脚手板的需要而专设的杆件，可搭设于主架横杆之间的任意部位，用以减小支承间距和支撑挑头脚手板。

（2）架梯由钢踏步板焊在槽钢上制成，两端带有挂钩，可牢固地挂在横杆上，用于作业人员上下脚手架的通道。

（3）连墙撑用于脚手架与墙体结构间的连接件，以加强脚手架抵抗风载及其他永久性水平荷载的能力，防止脚手架倒塌和增强稳定性的构件。

3. 专用构件

专用构件是用作专门用途的杆部件。

（1）悬挑架由挑杆和撑杆用碗扣接头固定在楼层内支承架上构成。用于其上搭设悬挑脚手架，可直接从楼内挑出，不需在墙体结构设埋件。

（2）提升滑轮用于提升小物料而设计的

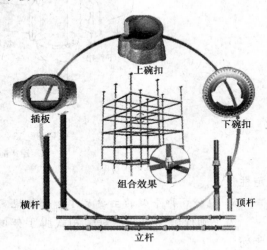

图 2-37　碗扣连接示意图

杆部件，由吊柱、吊架和滑轮等组成。吊柱可插入宽挑梁的垂直杆中固定，与宽挑梁配套使用。

4. 碗扣构件的连接设置

上碗扣：沿立杆滑动起锁紧作用的碗扣节点零件。

下碗扣：焊接于立杆上的碗形节点零件。

立杆连接销：用于立杆竖向连接专用销。

限位销：焊接在立杆上能锁紧上碗扣的定位销。

碗扣连接如图 2-37 所示，连接方式如图 2-38 所示。

上碗扣、上碗扣的限位销按 60cm 间距设置在钢管立杆之上，其中下碗扣和限位销则直接焊在立杆上。组装时，将上碗扣的缺口对准限位销后，把横杆接头插入下碗扣内，压紧和旋转上碗扣，利用限位销固定上碗扣。碗扣接头可同时连接 4 根横杆，可以互相垂直或偏转一定角度。

碗扣式脚手架的原始设计虽然也有锁片式斜杆，但由于其独特的节点设计带来的局限，如果 4 个方向均安装了横杆，就没有位置再安装垂直斜杆，更没有位置安装水平斜杆了，与盘扣式脚手架相比，这恰恰形成了相反的性能特征。考虑到系统的稳定性，安装斜杆是必需的。为了弥补这个弱项，该系统特意设计了另一类斜杆，在斜杆的两头，均用高强度螺栓，各固定半个旋转扣件，扣件亦采用锻钢工艺。这样，尽管斜杆无法直接在碗扣的节点扣接，但可以用扣件扣接在横杆或立杆的适当位置上，也大大改善了系统的稳

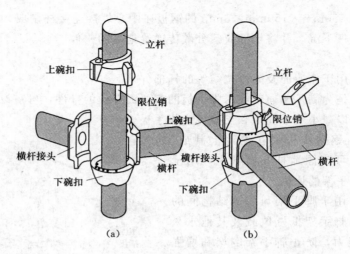

图 2-38　碗扣连接方式

(a) 连接前；(b) 连接后

定性。

　　5. 碗扣式脚手架的主要尺寸和一般规定

　　为了确保施工安全，对碗扣式脚手架的搭设尺寸做了一般规定和限制，如表 2-12 所列。

表 2-12　　　　　　　　　　碗扣式脚手架的主要尺寸和一般规定

序号	项目名称	规 定 内 容
1	架设高度	$H \leqslant 20m$ 普通架子按常规搭设 $H > 20m$ 的脚手架必须做出专项施工设计并进行结构验算
2	荷载限制	砌筑脚手架 $\leqslant 2.7kN/m^2$ 装修架子为 $1.2 \sim 2.0kN/m^2$ 或按实际情况考虑
3	基础做法	基础应平整、夯实，并设有排水措施。立杆应设有底座，并用 $0.05m \times 0.2m \times 2m$ 的木脚手板通垫，$H > 40m$ 的架子应进行基础验算并确定铺垫措施
4	立杆纵距	一般为 $1.2 \sim 1.5m$，超过此值应进行验证
5	立杆横距	$\leqslant 1.2m$
6	连接件	凡 $H > 30m$ 的高层架子，下部 $1/2H$ 均用齿形碗扣

2.2.3　搭设

　　1. 碗扣式脚手架的搭设要求

　　(1) 接头搭设。接头是立杆同横杆、斜杆的连接装置，应确保接头锁紧。搭设时，先将上碗扣搁置在限位销上，将横杆、斜杆等接头插入下碗扣，使接头弧面与立杆密贴，待全部接头插入后，将上碗扣套下，并用榔头顺时针方向沿切线敲击上碗扣凸头，直至上碗扣被限位销卡紧不再转动为止。

　　(2) 碗扣式脚手架搭设高度应小于 20m，当设计高度大于 20m 时，应根据荷载计算进行搭设。

（3）碗扣式钢管脚手架立柱横距为 1.2m，纵距根据脚手架荷载可为 1.2m、1.5m、1.8m、2.4m，步距为 1.8m、2.4m。搭设时立杆的接长缝应错开，第一层应用长 1.8m 和 3.0m 的立杆错开布置，往上均用 3.0m 长杆，至顶层再用 1.8m 和 3.0m 两种长度找平。

（4）连墙杆应设置在有廊道横杆的碗扣节点处，采用钢管扣件做连墙杆时，连墙杆应采用直角扣件与立杆连接，连接点距碗扣节点距离应不大于 150mm。

（5）当连墙件竖向间距大于 4m 时，连墙件内、外立杆之间必须设置廊道斜杆或十字撑。

（6）高 30m 以下脚手架垂直度偏差应控制在 1/200 以内，高 30m 以上脚手架应控制在 1/600～1/400，总高垂直度偏差应不大于 100mm。

（7）脚手架搭设应按立杆、横杆、斜杆、连墙件的顺序逐层搭设，每次上升高度不大于 3m。底层水平框架的纵向直线度应不大于 $L/200$；横杆间水平度应不大于 $L/400$。

2. 搭设前的施工准备

现场进行地面平整，为保证脚手架搭设后能安全、牢固、规整，平整后的地面必须要夯实。按照放线要求，放置 50mm 厚的通长立杆垫板，要求垫板与地面间接触坚实，按立杆的间距要求放线确定立杆的位置，并用笔标出，将立杆底座放在标好的位置上，要求底座要放在垫板中间位置。

摆放扫地杆、竖立杆，在开始竖立杆之前，先要将横杆备好安放到位，并进行接长，然后再竖立杆。

3. 搭设工艺流程

（1）架子搭设工艺流程：在牢固的地基弹线、立杆定位→摆放扫地杆→直立杆并与扫地杆扣紧→装扫地小横杆，并与立杆和扫地杆扣紧→装第一步大横杆并与各立杆扣紧→安第一步小横杆→安第二步大横杆→安第二步小横杆→加设临时斜撑杆，上端与第二步大横杆扣紧（装设与柱连接杆后拆除）→安第三、四步大横杆和小横杆→安装二层与柱拉杆→接立杆→加设剪力撑→铺设脚手板，绑扎防护及挡脚板、立挂安全网。

（2）架体与建筑物的拉结（柔性拉结）采用 $\phi6mm$ 钢筋、顶撑、钢管等组成的部件，其中钢筋承受拉力，压力由顶撑、钢管等传递。

（3）安全网。

1）挂设要求。安全网应挂设严密，用塑料蔑绑扎牢固，不得漏眼绑扎，两网连接处应绑在统一杆件上。安全网要挂设在棚架内侧。

2）脚手架与施工层之间要按验收尺度设置封锁平网，防止杂物下跌。

（4）安全挡板。通道口及靠近建筑物的露天场地要搭设安全挡板，通道口挡板需向两侧各伸出 1m，向外伸出 3m。

2.2.4 检查与验收

1. 进入现场的碗扣架构配件应具备的证明资料

（1）主要构配件应有产品标识及产品质量合格证。

（2）供应商应配套提供管材、零件、铸件、冲压件等材质及产品性能检验报告。

2. 构配件进场质量检查的重点

钢管管壁厚度；焊接质量；外观质量；可调底座和可调托撑丝杆直径、与螺母配合间隙及材质。

3. 脚手架搭设质量应按阶段进行检验

(1) 首段以高度为6m进行第一阶段（摺底阶段）的检查与验收。

(2) 架体应随施工进度定期进行检查，达到设计高度后进行全面的检查与验收。

(3) 遇6级以上大风、大雨、大雪等特殊情况后进行检查。

(4) 停工超过一个月恢复使用前进行检查。

4. 对整体脚手架应重点检查的内容

(1) 保证架体几何不变性的斜杆、连墙件、十字撑等设置是否完善。

(2) 基础是否有不均匀沉降，立杆底座与基础面的接触有无松动或悬空情况。

(3) 立杆上碗扣是否可靠锁紧。

(4) 立杆连接销是否安装，斜杆扣接点是否符合要求，扣件拧紧程度。

5. 搭设脚手架后的验收

搭设高度在20m以下（含20m）的脚手架，应由项目负责人组织技术、安全及监理人员进行验收；对于搭设高度超过20m的脚手架，必须有设计方案。

6. 脚手架验收时应具备的技术文件

(1) 施工组织设计及变更文件。

(2) 高度超过20m的脚手架的专项施工设计方案。

(3) 周转使用的脚手架构配件使用前的复验合格记录。

(4) 搭设的施工记录和质量检查记录。

7. 高度大于8m的模板支撑架的检查与验收

高度大于8m的模板支撑架的检查与验收要求与脚手架相同。

2.2.5 拆除

1. 一般规定

由于拆除作业的危险性远远大于搭设作业，所以脚手架拆除前应由工程负责人进行书面安全技术交底，并制定详细的应急预案，落实操作、监管责任后方可拆除。

2. 脚手架拆除顺序

碗扣式钢管脚手架操作顺序为：安全网→护身栏杆和挡脚板→脚手板→连墙件→剪刀撑的上部扣件和接杆→抛撑→横向水平杆→纵向水平杆→立杆→底座和垫板。

3. 拆除注意事项

(1) 拆除脚手架时，必须划出安全区，设警戒标志，并设专人看管拆除现场。

(2) 脚手架拆除应从顶层开始，先拆水平杆，后拆立杆，逐层往下拆，禁止上下层同时或阶梯形拆除。

(3) 禁止在拆架前先拆连墙杆。

(4) 局部脚手架如需保留时，应有专项技术措施，经上一级技术负责人批准，安全部门及使用单位验收，办理签字手续后方可使用。

(5) 拆除后的部件均应成捆，用吊具送下或人工搬下，禁止从高空往下抛掷。构配件应及时清理、维护，并分类堆放、保管。

2.2.6 碗扣式钢管脚手架实训

1. 实训任务

某学校××教学楼已完成地面上2m高的钢筋绑扎和模板安装，其中某教室东面墙长4m，现要求搭设该面墙体一层楼高的碗扣式外脚手架，如图2-39所示。

图2-39 碗扣式钢管脚手架

2. 实训目标

（1）知识目标和能力目标。

1）熟悉脚手架搭设的安全技术要求。

2）能计算材料及工具的用量，编制材料需用量计划，正确进行脚手架搭设材料、工具、场地的准备工作。

3）熟悉碗扣式钢管脚手架的基本组成与构造，掌握碗扣式钢管脚手架的搭设工艺。

4）了解脚手架工程的质量通病，能分析其原因并提出相应的防治措施和解决办法。

（2）情感目标。

1）培养团队合作精神，养成严谨的工作作风。

2）做到安全施工、文明施工。

3. 理论知识准备

（1）碗扣式钢管脚手架的组成和构造。

（2）碗扣式脚手架的材料用量计算。

（3）脚手架的受力分析。

（4）脚手架搭设的安全技术要求。

4. 实训重点

（1）脚手架搭设材料与工具的准备。

（2）脚手架搭设与拆除施工工艺。

5. 实训难点

(1) 脚手架搭设安全技术。

(2) 搭拆程序及工艺要求。

(3) 脚手架稳定性、坚固性的控制。

6. 计算材料用量

(1) 脚手架的尺寸（见表 2-13）。

表 2-13　　　　　脚手架尺寸

序　号	规　格	尺　寸
1	立杆纵向间距	
2	立杆横向间距	
3	纵向水平杆步距	
4	横向水平杆间距	

(2) 材料用量（见表 2-14）。

表 2-14　　　　　材料用量

序号	规格	长度	数量
1	立杆		
2	纵向水平杆		
3	横向水平杆		
4	上碗扣	—	
5	下碗扣	—	
6	限位销	—	

7. 在 A4 纸上绘制脚手架施工图

8. 实训施工准备

(1) 清除搭设范围内的障碍物，平整场地，夯实基土，做好现场排水工作。

(2) 根据实训场地范围及脚手架尺寸，确定脚手架搭设方案。

(3) 确定立杆、纵向水平杆、横向水平杆等所采用的钢管。

(4) 配备好扳手、钢丝钳、钢锯、锤头、铁锹、锄头等工具。

(5) 对钢管和脚手板等架料进行检查验收，不合格产品不得使用，经检验合格的构配件按品种、规格分类，堆放整齐。堆放场地不得有积水。

9. 搭设步骤

在牢固的地基弹线、立杆定位→摆放扫地杆、直立杆并与扫地杆扣紧→装扫地小横杆，并与立杆和扫地杆扣紧→装第一步大横杆并与各立杆扣紧→安第一步小横杆→安第二步大横杆→安第二步小横杆→加设临时斜撑杆，上端与第二步大横杆扣紧（装设与柱连接杆后拆除）→安第三、四步大横杆和小横杆→安装二层与柱拉杆→接立杆→加设剪力撑→

铺设脚手板，绑扎防护及挡脚板、立挂安全网。

10. 质量要求

（1）搭设脚手架的材料规格和质量必须符合要求，不能随便使用。

（2）架子要有足够的坚固性和稳定性，应防止脚手架摇晃、倾斜、沉陷或倒塌。

（3）脚手板要铺稳、铺满，不得有探头板。

（4）脚手架的架杆、配件设置和连接是否齐全，质量是否合格，构造是否符合要求，连接和挂扣是否紧固可靠。

（5）脚手架的垂直度与水平度的偏差是否符合要求。

11. 脚手架拆除

拆除顺序与搭设顺序相反，即从钢管脚手架的顶端拆起，后搭的先拆，先搭的后拆。其具体拆除顺序为：安全网→护身栏→挡脚板→脚手板→横向水平杆→纵向水平杆→立杆→连墙杆→剪刀撑→斜撑→拆除抛撑和扫地杆。

扣件式钢管脚手架搭设考核验收表见表 2-15，其学生工作页见表 2-16。

表 2-15　　　　　　　　扣件式钢管脚手架搭设考核验收表

实训项目	扣件式钢管脚手架搭设		实训时间		实训地点	
姓名			班级		指导教师	
成绩						

序号	检验内容	要求及允许偏差	检验方法	验收记录	配分	得分
1	工作程序	正确的搭、拆程序	巡查		10	
2	坚固性	脚手架无过大摇晃	观察、检查		10	
3	立杆垂直度	±7mm	吊线和钢尺		10	
4	间距	步距：±20mm 柱距：±50mm 排距：±20mm	用钢尺检查		10	
5	纵向水平杆高差	一根杆两端：±20mm	用水平仪或水平尺检查		5	
		同跨度内、外纵向水平杆高差：±10mm			5	
6	扣件安装	主节点处各扣件中心点相互距离：Δ＝150mm	用钢尺检查		10	
7	扣件螺栓拧紧扭力矩	40～65N·m	扭力扳手		10	
8	安全施工	安全设施到位	巡查		5	
		没有危险动作	巡查		5	
9	文明施工	工具完好、场地整洁	巡查		5	
	施工进度	按时完成	巡查		5	
10	团队精神	分工协作	巡查		5	
	工作态度	人人参与	巡查		5	

表 2－16		扣件式钢管脚手架搭设学生工作页					
实训项目		实训时间		实训地点			
姓名		班级		指导教师		成绩	
知识要点			评分权重30%			得分：	
（1）脚手架的作用							
（2）脚手架的分类							
（3）扣件式钢管脚手架的配件							
操作要领			评分权重50%			得分：	
（1）记录扣件式钢管脚手架搭设的工具							
（2）记录扣件式钢管脚手架搭设的材料							
（3）场地的准备工作要点							
（4）脚手架搭设的工艺顺序							
（5）脚手架拆除顺序							
操作心得			评分权重20%			得分：	

学习单元 2.3　落地门式钢管外脚手架

2.3.1　门式钢管外脚手架组成

落地门式钢管外脚手架是建筑用脚手架中应用最广泛的脚手架之一。由于主架呈

"门"字形，所以称为门式或门型脚手架，也称鹰架或龙门架。这种脚手架主要由主框、横框、交叉斜撑、脚手板、可调底座等组成。落地门式钢管外脚手架由美国首先研制成功，它具有拆装简单、承载性能好、使用安全可靠等特点，发展速度很快。

落地门式脚手架是以门架、交叉支撑、连接棒、挂扣式脚手板或水平架、锁臂等组成基本结构（图2-40），再设置水平加固杆、剪刀撑、扫地杆、封口杆、托座与底座，并采用连墙件与建筑物主体结构相连的一种标准化钢管脚手架。落地门式钢管脚手架不仅可作为外脚手架，也可作为内脚手架或满堂脚手架。

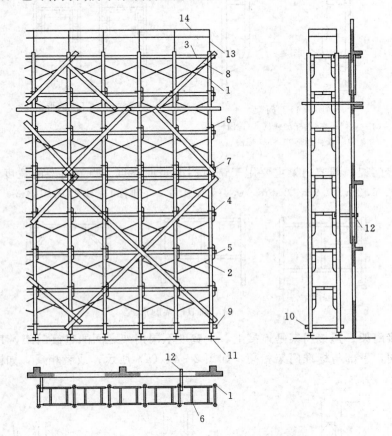

图2-40 落地门式钢管外脚手架的结构

1—门架；2—交叉支撑；3—脚手板；4—连接棒；5—锁臂；6—水平架；7—水平架固杆；8—剪刀撑；
9—扫地杆；10—封口杆；11—底座；12—连墙件；13—栏杆；14—扶手

2.3.2 落地门式钢管外脚手架主要构配件

1. 门架

门架是门式脚手架的主要构件，由立杆、横杆及加强杆焊接组成（图2-41）。门架有各种形式，图2-42中带"耳"形加强杆的形式［图2-42（c）］。已得到广泛应用，成为门架典型的形式。图2-41所示为典型的标准型门架。

门架的宽度为1.2m，高度有1.9m、1.7m、1.5m 3种。窄型门架的宽度只有0.6m或

0.8m，高度为 1.7m，主要用于装修、抹灰等轻作业。

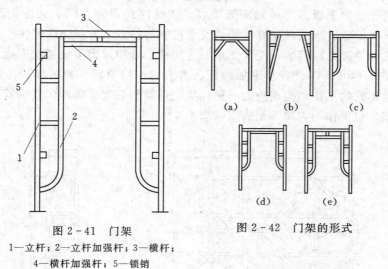

图 2-41　门架
1—立杆；2—立杆加强杆；3—横杆；
4—横杆加强杆；5—锁销

图 2-42　门架的形式

（1）调节门架。调节门架主要用于调节门架竖向高度。调节门架的宽度和门架相同，高度有 1.5m、1.2m、0.9m、0.6m、0.4m 等几种，它们的主要形式如图 2-43 所示。

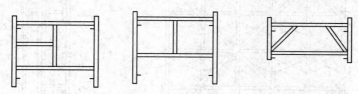

图 2-43　调节门架的形式

（2）连接门架。连接门架是连接上、下宽度不同门架之间的过渡门架，其上部宽度与窄型门架相同，下部与标准门架相同，如图 2-44（a）所示；或者相反，如图 2-44（b）所示。

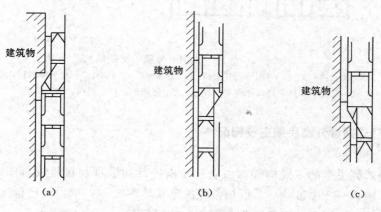

图 2-44　门架的过渡

50

连接门架上窄下宽或上宽下窄，并带有斜支杆的悬臂支撑部分，如图2-45所示。

（3）扶梯门架。扶梯门架可兼作施工人员上下的扶梯，如图2-46所示。

2. 配件

门式钢竹脚手架的其他构件包括连接棒、锁臂、交叉支撑、水平架、挂扣式脚手板、底座与托座。

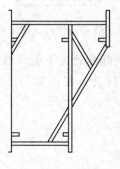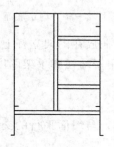

图2-45　连接门架　　　　　　图2-46　扶梯门架

（1）连接棒。用于门架立杆竖向组装的连接件。

（2）锁臂。门架立杆组装接头处的拉接件。

（3）交叉支撑。连接每两个门架的交叉拉杆。其构造如图2-47所示，两根交叉杆件可绕中间连接螺栓转动，杆的两端有销孔。

（4）水平架。水平架是在脚手架非作业层上代替脚手板而挂扣在门架横杆上的水平框架，其构造如图2-48所示，由横杆、短杆和搭钩焊接而成，架端有卡扣，可与门架横杆自锚连接。

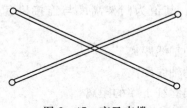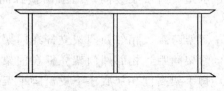

图2-47　交叉支撑　　　　　　图2-48　水平架

（5）挂扣式钢脚手板。挂扣在门架横杆上的专用脚手板，其构造如图2-49所示。

（6）可调底座。门架下端插放其中，传力给基础，并可调整高度的构件。

（7）固定底座。门架下端插放其中，传力给基础，不能调整高度的构件。固定底座由底板和套管两部分焊接而成（图2-50），底部门架立杆下端插放其中，扩大了立杆的托脚。

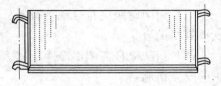

（8）可调托座。插放在门架立杆上端，承接上部荷载，并可调整高度的构件。可调托座由螺杆、调节扳手和底板组成（图2-51），其作用是固定底座，并且可以调节脚手架立杆的高度和脚手架整体

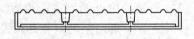

图2-49　挂扣式钢脚手板

的水平度、垂直度。

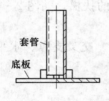

图 2-50 固定底座

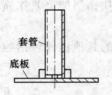

图 2-51 可调托座

（9）固定托座。插放在门架立杆上端，承接上部荷载，不能调整高度的构件。

（10）加固件。用于增强脚手架刚度而设置的杆件，包括剪刀、水平加固件、封口杆与扫地杆。

3. 剪刀撑

位于脚手架外侧，与墙面平行的交叉杆件。

4. 水平加固件

与墙面平行的纵向水平杆件。

5. 封口杆

连接底部门架立杆下端的横向水平杆件。

6. 扫地杆

连接底部门架立杆下端的纵向水平杆件。

7. 连墙件

将脚手架连接于建筑物主体结构的构件。

8. 尺寸规定

（1）步距。脚手架竖向，门架两横杆间的距离，其值为门架高度与连接棒套环高度之和。

（2）门架跨距。相邻两门架立杆在门架平面外的轴线距离。

（3）门架间距。相邻两门架立杆在门架平面内的轴线距离。

（4）脚手架高度。从底座下皮至脚手架顶层门架立杆上端的距离。

（5）脚手架长度。沿脚手架纵向的两端门架立杆外皮之间的距离。

2.3.3 构造

1. 门架

（1）门架跨距应符合现行行业标准《门式钢竹脚手架》（JGJ 76）的规定，并与交叉支撑规格配合。

（2）门架立杆离墙面净距不宜大于 150mm；大于 150mm 时应采取内挑架板或其他防护的安全措施。

2. 配件

（1）门架的内外两侧均应设置交叉支撑并应与门架立杆上的锁销锁牢。

（2）上、下榅门架的组装必须设置连接棒及锁臂，连接棒直径应小于立杆内径的 2mm。

（3）在脚手架的操作层上应连续满铺与门架配套的挂扣式脚手板，并扣紧挡板，防止脚手板脱落和松动。

（4）水平架设置应符合下列规定：

1）在脚手架的顶层门架上部、连墙件设置层、防护棚设置处必须设置水平架。

2）当脚手架搭设高度 $H>45m$ 时，沿脚手架高度，水平架应至少两步一设；当脚手架搭设高度 $H>45m$ 时，水平架应每步一设；不论脚手架多高，均应在脚手架的转角处、端部及间断处的一个跨距范围内水平架应每步一设。

3）水平架在其设置层面内应连续设置。

4）当因施工需要，临时局部拆除脚手架内侧交叉支撑时，应在拆除交叉支撑的门架上方及下方设置水平架。

5）水平架可由挂扣式脚手板或门架两侧设置的水平加固杆代替。

3. 加固件

（1）剪刀撑设置应符合下列规定：

1）脚手架高度超过 20m 时，应在脚手架外侧连续设置剪刀撑。

2）剪刀撑斜杆与地面的倾角宜为 $45°\sim60°$，剪刀撑宽度宜为 $4\sim8m$。

3）剪刀撑应采用扣件与门架立杆扣紧。

4）剪刀撑斜杆若采用搭接接长，搭接长度不宜小于 600mm，搭接处应采用两个扣件扣紧。

（2）水平加固杆设置应符合以下规定：

1）当脚手架高度超过 20m 时，应在脚手架外侧每隔 4 步设置一道，水平加固杆并宜在有连墙件的水平层设置。

2）设置纵向水平加固杆应连续，并形成水平闭合圈。

3）在脚手架的底步门架下端应加封口杆，门架的内、外两侧应设通长扫地杆。

4）水平加固杆应采用扣件与门架立杆扣牢。

4. 转角处门架连接

（1）在建筑物转角处的脚手架内、外两侧应按步设置水平连接杆，将转角处的两门架连成一体（图 2-52）。

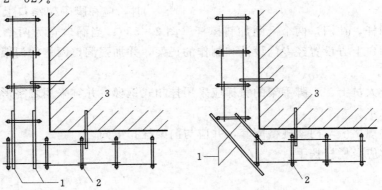

图 2-52　转角处脚手架连接

1—连接钢筒；2—门架；3—连墙件

（2）水平连接杆应采用钢竹，其规格应与水平加固杆相同。

（3）水平连接杆应采用扣件与门架立杆及水平加固杆扣紧。

5. 连墙件

（1）脚手架必须采用连墙件与建筑物做到可靠连接。连墙件的设置除应满足荷载计算要求外，尚应满足表 2-17 的要求。

表 2-17　　　　　　　　　　　连 墙 件 间 距

脚手架搭设高度 /m	基本风压 w_0/(kN/m²)	连墙件的间距/m	
		竖向	水平向
≤45	≤0.55	≤6.0	≤8.0
	>0.55	≤4.0	≤6.0
>45	—		

（2）在脚手架的转角处、不闭合（一字形、槽形）脚手架的两端应增设连墙件，其竖向间距不应大于 4.0m。

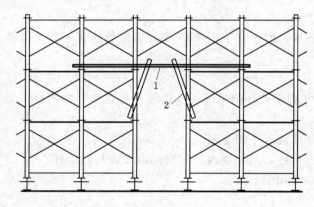

图 2-53　通道洞口加固示意图
1—水平加固杆；2—斜撑杆

（3）在脚手架外侧因设置防护棚或安全网而承受偏心荷载的应增设连墙件，其水平间距不应大于 4.0m。

（4）连墙件应能承受拉力与压力，其承载力标准值不应小于连墙件与门架、建筑物的连接也应具有相应的连接强度。

6. 通道洞口

（1）通道洞口的高不宜大于两个门架，宽不宜大于一个门架跨距。

（2）通道洞口应按以下要求采取加固措施：当洞口宽度为一个跨距时，应在脚手架洞口上方的内、外侧设置水平加固杆，在洞口两个上角加斜撑杆（图 2-53）；当洞口宽为两个及两个以上跨距时，应在洞口上方设置经专门设计和制作的托架，并加强洞口两侧的门架立杆。

7. 斜梯

（1）作业人员上、下脚手架的斜梯应采用挂扣式钢梯，并宜采用之字形，一个梯段宜跨越两步或二步。

（2）钢梯规格应与门架规格配套，并应与门架挂扣牢固。

（3）钢梯应设栏杆扶手。

2.3.4　搭设

门式钢管脚手架的搭设应自一端延伸向另一端，自上而下按步架设，并逐层改变搭设方向，以减少架设误差（图 2-54）。

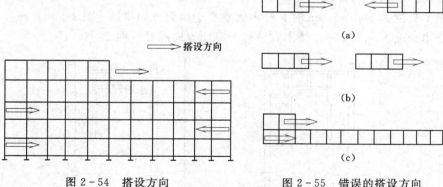

图 2-54　搭设方向　　　　　　图 2-55　错误的搭设方向

脚手架不得自两端同时向中间搭设［图 2-55（a）］，或自一端和中间处同时沿相同方向搭设［图 2-55（b）］，以避免结合部位错位，难以连接。也不得自一端上下两步同时向一个方向搭设［图 2-55（c）］。

脚手架的搭设速度应与建筑结构施工进度相配合，一次搭设高度不应超过最上层连墙杆 3 步，或自由高度不大于 6m，以保证脚手架的稳定。

门式钢管脚手架的搭设顺序为：

1）铺设垫木（板）→安放底座→自一端起立门架并随即安装交叉支撑（底步架还需安装扫地杆、封口杆）→安装水平架（或脚手板）。

2）安装钢梯→安装水平加固杆→设置连墙杆。

3）照上述步骤 1）和步骤 2）逐层向上安装。

4）按规定位置安装剪刀撑→安装顶部栏杆→挂立杆安全网。

（1）铺设垫木（板）、安放底座。脚手架的基底必须严格夯实、抄平，地基有足够的承载能力。搭设脚手架的基础根据土质和搭设高度，可按表 2-18 的要求进行处理。

表 2-18　　　　　　　　　　门式钢管脚手架地基基础要求

搭设高度 /m	地基土质		
	中低压缩性且压缩性均匀	回填土	高压缩性或压缩性不均匀
≤25	夯实原土，干重力密度要求 15.5kN/m³。立杆底座置于面积不小于 0.075m² 的混凝土垫块或垫木上	土夹石或灰土回填夯实，立杆底座置于面积不小于 0.10m² 混凝土垫块或垫木上	夯实原土，铺设宽度不小于 200mm 的通长槽钢或垫木
26～35	混凝土垫块或垫木面积不小于 0.1m²，其余同上	砂夹石回填夯实，其余同上	夯实原土，铺厚不小于 200mm 砂垫层，其余同上
36～60	混凝土垫块或垫木面积不小于 0.15m² 或铺通长槽钢或垫木，其余同上	砂夹石回填夯实，混凝土垫块或垫木面积不小于 0.15m²，或铺通长槽钢或木板	夯实原土，铺 150mm 厚道渣夯实，再铺通长槽钢或垫木，其余同上

门架立杆下垫木的铺设方式：

当垫木长度为 1.6～2.0m 时，垫木宜垂直于墙面方向横铺［图 2-56（a）］。

当垫木长度为 4.0m 时，垫木宜平行于墙面方向顺铺［图 2-56（b）］。

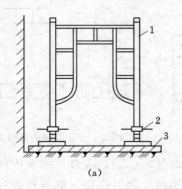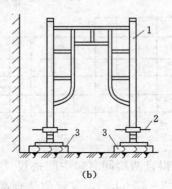

（a）　　　　　　　　　　　　（b）

图 2-56　垫木铺设
(a) 横铺；(b) 竖铺
1—门架立柱；2—可调底座；3—垫木

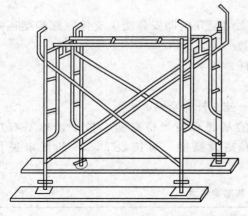

图 2-57　搭设门式钢管脚手架的基本结构

（2）立门架、安装交叉支撑、安装水平架或脚手板。在脚手架的一端将第一榀和第二榀门架立在底座上后，纵向立即用交叉支撑连接两榀门架的立杆，在门架的内、外两侧均应安装交叉支撑，且在顶水平面上安装水平架或挂扣式脚手板，搭成门式钢管脚手架的一个基本结构，如图 2-57 所示。以后每安装一榀门架，随即安装交叉支撑、水平架或脚手板，依次按此步骤沿纵向逐跨安装搭设。

（3）搭设门架及配件应符合下列规定：

1）交叉支撑、水平架、脚手板、连接棒和锁臂的设置应符合规范。

2）不配套的门架与配件不得混合使用于同一脚手架。

3）门架安装应自一端向另一端延伸，并逐层改变搭设方向，不得相对进行。搭完一步架后，应按要求检查，并调整其水平度与垂直度。

4）交叉支撑、水平架或脚手板应紧随门架的安装及时设置。

5）连接门架与配件的锁臂、搭钩必须处于锁住状态。

6）水平架或脚手板应在同一步内连续设置，脚手板应满铺。

7）底层钢梯的底部应加设钢竹，并用扣件扣紧在门架的立杆上，钢梯的两侧均应设置扶手，每段梯可跨越两步或二步门架再行转折。

（4）栏板（杆）、挡脚板应设置在脚手架操作层外侧、门架立杆的内侧。

（5）加固杆、剪刀撑等加固件的搭设应符合下列规定：

1）加固杆、剪刀撑必须与脚手架同步搭设。

2）水平加固杆应设于门架立杆内侧，剪刀撑应设于门架立杆外侧并连牢。

（6）连墙件的搭设应符合下列规定：

1）连墙件的搭设必须随脚手架搭设同步进行，严禁滞后设置或搭设完毕后补做。

2）当脚手架操作层高出相邻连墙件以上两步时，应采用确保脚手架稳定的临时拉结措施，直到连墙件搭设完毕后方可拆除。

3）连墙件宜垂直于墙面，不得向上倾斜，连墙件埋入墙身的部分必须锚固可靠。

4）连墙件应连于上、下两棍门架的接头附近。

（7）加固件、连墙件等与门架采用扣件连接时应符合下列规定：

1）扣件规格应与所连钢竹外径相匹配。

2）扣件螺栓拧紧扭力矩宜为 50～60N·m，并不得小于 40N·m。

3）各杆件端头伸出扣件盖板边缘长度不应小于 100mm。

（8）脚手架应沿建筑物周围连续、同步搭设升高，在建筑物周围形成封闭结构；如不能封闭时，在脚手架两端应增设连墙件。

2.3.5　验收

（1）脚手架搭设完毕或分段搭设完毕，应对脚手架工程的质量进行检查，经检查合格后方可交付使用。

（2）高度在 20m 及 20m 以下的脚手架，应由单位工程负责人组织技术安全人员进行检查验收。高度大于 20m 的脚手架，应由上一级技术负责人随工程进行分阶段组织单位工程负责人及有关的技术人员进行检查验收。

（3）验收时应具备下列文件：

1）根据 JGJ 128—2000《建筑施工门式钢管脚手架安全技术规范》第 5.1.2 条要求所形成的施工组织设计文件。

2）脚手架构配件的出厂合格证或质量分类合格标志。

3）脚手架工程的施工记录及质量检查记录。

4）脚手架搭设过程中出现的重要问题及处理记录。

5）脚手架工程的施工验收报告。

（4）脚手架工程的验收，除查验有关文件外，还应进行现场检查，检查应着重以下各项，并记入施工验收报告。

1）构配件和加固件是否齐全，质量是否合格，连接和挂扣是否紧固可靠。

2）安全网的张挂及扶手的设置是否齐全。

3）基础是否平整坚实，支垫是否符合规定。

4）连墙件的数量、位置和设置是否符合要求。

5）垂直度及水平度是否合格。

2.3.6　脚手架的拆除

（1）拆除脚手架前的准备工作。全面检查脚手架，重点检查扣件连接固定、支撑体系等是否符合安全要求；根据检查结果及现场情况编制拆除方案并经有关部门批准；进行技术交底；根据拆除现场的情况，设围栏或警戒标志，并有专人看守；清除脚手架中留存的材料、电线等杂物。

（2）拆除架子的工作地区，严禁非操作人员进入。

（3）拆架前，应有现场施工负责人批准手续，拆架子时必须有专人指挥，做到上下呼应、动作协调。

（4）拆除顺序应是后搭设的部件先拆，先搭设的部件后拆，严禁采用推倒或拉倒的拆除做法。

（5）固定件应随脚手架逐层拆除，当拆除至最后一节立管时，应先搭设临时支撑加固后方可拆固定件与支撑件。

（6）拆除的脚手架部件应及时运至地面，严禁从空中抛掷。

（7）运至地面的脚手架部件，应及时清理、保养。根据需要涂刷防锈油漆，并按品种、规格入库堆放。

2.3.7　门式脚手架实训案例

1. 实训任务

搭设一门式脚手架，建议采用 MF1217 搭设门式脚手架基本构架，构架长 5.4m、宽 1.2m、高 3.4m。门架跨距 1.6m，步距为 1.7m。

2. 实训目标

（1）知识目标和能力目标。

1）熟悉脚手架搭设的安全技术要求。

2）能计算材料及工具的用量，编制材料需用量计划，正确进行脚手架搭设材料、工具、场地的准备工作。

3）熟悉门式脚手架的基本组成与构造，掌握门式脚手架的搭设和拆除施工工艺。

4）了解脚手架工程的质量问题，能分析原因并提出相应的防治措施和解决办法。

（2）情感目标。

1）培养团队合作精神，养成严谨的工作作风。

2）做到安全施工、文明施工。

3. 理论知识准备

（1）门式脚手架的组成与构造。

（2）门式脚手架的材料用量计算。

（3）门式脚手架的受力分析。

（4）脚手架搭设的安全技术要求。

4. 实训重点

（1）脚手架搭设材料与工具的准备与验收。

（2）脚手架搭设与拆除施工工艺。

5. 实训难点

（1）脚手架搭设安全技术。

（2）脚手架搭拆程序及工艺要求。

（3）脚手架稳定性、坚固性的控制。

6. 计算材料用量

将脚手架的尺寸（见表 2-19）。

表 2-19 脚 手 架 尺 寸

序号	规　格	数量
1	门架	
2	交叉支撑	
3	水平架	
4	脚手板	
5	底座	
6	木垫板	

7. 实训施工准备

（1）清除搭设范围内的障碍物，平整场地，夯实基土，做好现场排水工作。

（2）根据实训场地范围及脚手架尺寸，确定脚手架搭设方案。

（3）配备好扳手、钢丝钳、钢锯、锤头、铁锹、锄头等工具。

（4）对门架及其配件进行检查、验收，不合格产品不得使用，经检验合格的构配件按品种、规格分类，堆放整齐。堆放场地不得有积水。

8. 搭设步骤

铺设垫木→拉线安放底座→从一端开始立门架→随即安装交叉支撑（底步门架安装扫地杆和封口杆）→安装水平架（或铺设脚手板）→安装梯子→安装水平加固杆→按上述顺序向上安装第二步架→安装顶部栏杆→立挂安全网。

9. 质量要求

（1）搭设脚手架的材料规格和质量必须符合要求，不能随便使用。

（2）架子要有足够的坚固性和稳定性，应防止脚手架摇晃、倾斜、沉陷或倒塌。

（3）脚手架的质量检查、验收项目如下：

1）脚手架的门架、配件设置和连接是否齐全，质量是否合格，构件是否符合要求，连接和挂扣是否可靠。

2）地基是否积水，底座是否松动、悬空。

3）扣件螺栓是否松动。

4）安全防护措施（安全网张挂及栏杆扶手设置）是否符合要求。

5）脚手架的垂直度与水平度的偏差是否符合要求。

10. 脚手架拆除

拆除顺序与搭设顺序相反，即从钢管脚手架的顶端拆起，后搭的先拆，先搭的后拆。其具体拆除顺序为：安全网→护身栏→挡脚板→脚手板→拆水平加固杆→拆交叉支撑→拆门架。

门式脚手架搭设考核验收表见表2-20，学生工作页见表2-21。

表2-20　　　　　　　　　　　　门式脚手架搭设考核验收表

实训项目	门式脚手架搭设		实训时间		实训地点	
姓名			班级		指导教师	
成绩						

序号	检验内容	要求及允许偏差	检验方法	验收记录	配分	得分
1	工作程序	正确的搭、拆程序	巡查		10	
2	坚固性	脚手架无过大摇晃	观察、检查		10	
3	每步架垂直度	±2mm	吊线和钢尺		10	
4	脚手架整体垂直度	±50mm	吊线和钢尺		10	
5	脚手架跨距内水平度	两端高差：±3mm	用水平仪或水平尺检查		10	
6	脚手架整体水平度	高差：±50mm	用水平仪或水平尺检查		10	
7	构配件和加固件安设	是否齐全、连接和挂扣是否紧固可靠	观察、检查		10	
8	安全施工	安全设施到位	巡查		5	
		没有危险动作	巡查		5	
9	文明施工	工具完好、场地整洁	巡查		5	
	施工进度	按时完成	巡查		5	
10	团队精神	分工协作	巡查		5	
	工作态度	人人参与	巡查		5	

表2-21　　　　　　　　　　门式脚手架搭设学生工作页

实训项目		实训时间		实训地点		
姓名		班级		指导教师		成绩

知识要点	评分权重30％	得分：
（1）门式脚手架的结构组成		
（2）门式脚手架的受力分析		
（3）脚手板的作用和布置		

操作要领	评分权重50%	得分：
（1）记录门式脚手架搭设的工具		
（2）记录门式脚手架搭设的材料		
（3）门式脚手架的平整度调整		
（4）脚手架搭设的工艺顺序		
（5）脚手架拆除顺序		
操作心得	评分权重20%	得分：

学习单元 2.4 悬挑式外脚手架

2.4.1 悬挑式外脚手架分类

悬挑式外脚手架就是利用建筑结构外边缘向外伸出的悬挑结构来支撑外脚手架，并将脚手架的荷载全部或部分传递给建筑物的结构部分。它必须有足够的强度、刚度和稳定性。根据悬挑脚手架支撑结构的不同，可分为挑梁式悬挑脚手架和支撑杆式悬挑脚手架两类。

2.4.2 悬挑式外脚手架构造

1. 挑梁式悬挑脚手架

挑梁式悬挑脚手架采用固定在建筑物结构上的悬挑梁（架），并以此为支座搭设脚手架，一般为双排脚手架。此种类型脚手架最多可搭设20～30m高，可同时进行2～3层作业，是目前较常用的脚手架形式。

（1）下撑挑梁式。下撑挑梁式悬挑脚手架的支撑结构如图2-58所示。在主体结构上预埋型钢挑架，并在挑梁的外端加焊斜撑压杆组成挑梁。各根挑梁之间的间距不大于

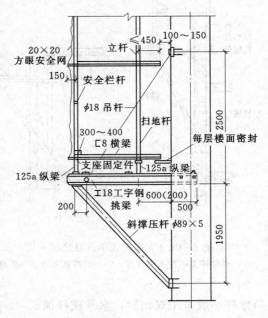

图2-58 下撑挑梁式悬挑脚手架

6m，并用两根型钢纵梁相连，然后在纵梁上搭设扣件式钢管脚手架。挑架、斜撑压杆组成的挑梁，间距也不宜大于9m。当挑梁的间距超过6m时，可用型钢制作的桁架来代替，如图2-59所示。

（2）斜拉挑梁式。斜拉挑梁式脚手架，以型钢作挑梁，其端头用钢丝绳（或钢筋）作拉杆斜拉，如图2-60所示。

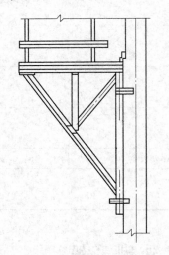

图2-59　桁架式悬挑脚手架

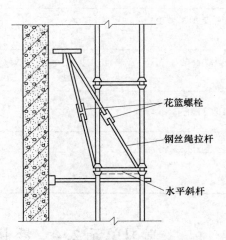

花篮螺栓

钢丝绳拉杆

水平斜杆

图2-60　斜拉挑梁式脚手架

2. 支撑杆式悬挑脚手架

支撑杆式悬挑脚手架的支撑结构是三角斜压杆，直接用脚手架杆件搭设。

（1）支撑杆式单排悬挑脚手架。支撑杆式单排悬挑脚手架的支撑结构有两种形式。

1）从窗口挑出横杆，斜撑杆支撑在下一层的窗台上。当无窗台时，可预先在墙上留洞或预埋支托铁件，以支撑斜撑杆，如图2-61（a）所示。

2）从同一窗口挑出横杆和伸出斜撑杆，斜撑杆的一端支撑在楼面上，如图2-61（b）所示。

（2）支撑杆式双排悬挑脚手架。支撑杆式双排悬挑脚手架的支撑结构也有两种形式。

1）内、外两排立杆上加设斜撑杆。

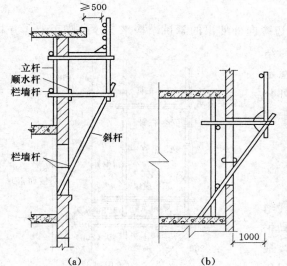

立杆
顺水杆
栏墙杆

斜杆

栏墙杆

（a）　　　　　（b）

图2-61　支撑杆式单排悬挑脚手架

（a）斜撑杆支撑在下层窗台；（b）斜撑杆支撑在同层楼层

斜撑杆一般采用双钢管，水平横杆加长后一端与预埋在建筑物结构中的铁环焊牢。这样，脚手架的荷载通过斜杆和水平横杆传递到建筑物上，如图2-62所示。

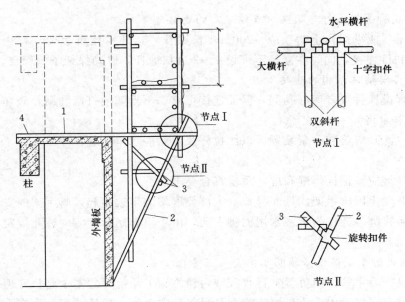

图 2-62 支撑杆式双排悬挑脚手架（下撑上挑）
1—水平横杆；2—双斜撑杆；3—加强短杆；4—预埋铁环

2）采用下撑上拉方法，在脚手架的内、外两排立杆上分别加设斜撑杆。

2.4.3 悬挑式脚手架的搭设要求

挑梁式悬挑脚手架搭设顺序为：安设型钢挑梁（架）→安装斜撑压杆或斜拉绳（杆）→安设纵向钢梁→搭设上部脚手架。

1. 支撑杆式悬挑脚手架搭设要求

支撑杆式悬挑脚手架搭设需控制使用荷载，搭设要牢固。搭设时应该先搭设好里架子，使横杆伸出墙外，再将斜杆撑起与挑出横杆连接牢固，随后再搭设悬挑部分，铺脚手板，外围要设栏杆和挡脚板，下面支设安全网，以保安全。

2. 连墙件的设置

根据建筑物的轴线尺寸，在水平方向每隔 3 跨（6m）设置一个。在垂直方向应每隔 3～4m 设置一个，并要求各点互相错开，形成梅花状布置，连墙件的搭设方法与落地式脚手架相同。

3. 垂直控制

搭设时，要严格控制分段脚手架的垂直度，垂直度允许偏差：第一段不得超过 1/400；第二、三段不得超过 1/200。

脚手架的垂直度要随搭随检查，发现超过允许偏差时，应及时纠正。

4. 脚手板铺设

脚手板的底层应满铺厚木脚手板，其上各层可满铺薄钢板冲压成的穿孔轻型脚手板。

5. 安全防护设施

脚手架中各层均应设置护栏和挡脚板。

脚手架外侧和底面用密目安全网封闭，架子与建筑物要保持必要的通道。

6. 挑梁式脚手架立杆与挑梁（或纵梁）的连接

应在挑梁（或纵梁）上焊 150～200mm 长钢管，其外径比脚手架立杆内径小 1.0～1.5mm，用扣件连接，同时在立杆下部设 1～2 道扫地杆，以确保架子的稳定。

7. 悬挑梁与墙体结构的连接

应预先埋设铁件或者留好孔洞，保证连接可靠，不得随便打凿孔洞，破坏墙体。

8. 斜拉杆（绳）

斜拉杆（绳）应装有收紧装置，以使拉杆收紧后能承担荷载。

9. 钢支架

钢支架焊接应该保证焊缝高度，质量符合要求。

建筑行业发生因脚手架倒塌而导致重大群死群伤的事故多起，脚手架的安全问题日益突出。而悬挑式脚手架作为工程常用的脚手架，由于没有制定相应的行业规定，各省的做法也不尽相同。

10. 悬挑式脚手架搭设必须明确安全管理责任

（1）建设行政主管部门负责本行政区域内建筑施工悬挑架的安全监督管理。

（2）悬挑架在搭设中，应当服从施工总承包单位对施工现场的安全生产管理，悬挑架搭设单位应对搭设质量及其作业过程的安全负责。

11. 悬挑式脚手架搭设前的准备工作

（1）悬挑架的设计制作等必须遵守国家的有关标准。

（2）悬挑架施工前应编制专项施工方案，必须有施工图和设计计算书，且符合安全技术条件，审批手续齐全（施工单位编制→施工单位审批→施工单位技术负责人批准→报送监理单位→总监理工程师组织监理工程师审核→总监理工程师批准→报送建设单位），并在专职安全管理人员监督下实施。

（3）悬挑架的支承与建筑结构的固定方式经设计计算确定，必须得到工程设计单位认可，主要考虑是否可能破坏建筑结构。

12. 悬挑架选择和制作应注意的问题

（1）悬挑架的支承结构应为型钢制作的悬挑梁或悬桁架等，不得采用钢管。

（2）必须经过设计计算，其计算内容：①材料的抗弯强度；②抗剪强度；③整体稳定；④挠度。

（3）悬挑架应水平设置在梁上，锚固位置必须设置在主梁或主梁以内的楼板上，不得设置在外伸阳台上或悬挑板上。

（4）节点的制作（悬挑梁的锚固点、悬挑架的节点）必须采用焊接或螺栓连接的结构，不得采用扣件连接，以保证节点是刚性的。

（5）支承体与结构的连接方式必须进行设计，设计时考虑连接件的材质，连接件与型钢的固定方式。目前普遍采用的是预埋圆钢环或 U 形螺栓，应满足受力的强度。采用 U 形螺栓的固定方式有压板固定式（紧固）和双螺母固定式（防松），这是根据《钢结构规范》（GB 50755—2002）中第 8.3.6 条，对直接承受力荷载的普通螺栓受控连接应用双螺帽或其他防止螺栓松动的有效措施。

（6）固定端长度必须超过悬挑长度的 1.5 倍，这样可以减少对建筑结构的影响，保证梁在使用中的安全，提高锚固强度。

13. 悬挑式脚手架其他应注意的安全技术问题

悬挑架除以上所述外，连墙体的设置、剪刀撑的设置、纵横向扫地杆的设置、架体薄弱位置的加强、卸料平台的搭设等与《建筑施工扣件或钢管脚手架安全技术规范》（JGJ 130—2001）的要求基本一样。其中高度超过设计高度的架件，由于悬伸长度较长就降低了悬挑梁的抗弯性能与整体稳定性，因此在此处必须有可靠的加强措施。悬挑架底必须张挂安全平网防护，其他防护也与落地式钢管脚手架一样。

2.4.4 拆卸

（1）拆卸作业前，方案编制人员和专职安全员必须按专项施工方案和安全技术措施的要求对参加拆卸人员进行安全技术书面交底，并履行签字手续。

（2）拆除脚手架前应全面检查脚手架的扣件、连墙件、支撑体系等是否符合构造要求，同时应清除脚手架上的杂物及影响拆卸作业的障碍物。

（3）拆卸作业时，应设置警戒区，严禁无关人员进入施工现场。施工现场应当设置负责统一指挥的人员和专职监护的人员。作业人员应严格执行施工方案及有关安全技术规定。

（4）拆卸时应有可靠的防护人员与防止物料坠落的措施。拆除杆件及构配件均应逐层向下传递，严禁抛掷物料。

（5）拆除作业必须由上而下逐层拆除，严禁上下同时作业。

（6）拆除脚手架时连墙件必须随脚手架逐层拆除，严禁先将连墙件整层或数层拆除后再拆脚手架。

（7）当脚手架采取分段、分立面拆除时，事先应确定技术方案，对不拆除的脚手架两端，事先必须采取必要的加固措施。

2.4.5 检验

悬挑式外脚手架分段或分部位搭设完后，必须按相应的钢管脚手架质量标准进行检查、验收，经检查、验收合格后，方可继续搭设和使用。在使用过程中要加强检查，并及时清除架子上的垃圾和剩余料，注意控制使用荷载，禁止在架子上过多集中堆放材料。

2.4.6 型钢悬挑双排外脚手架实训

1. 项目概况

总 9 栋、24～30 层。总用地面积 20733.06m²；总建筑面积 170477m²。

建筑总高度：91.95m；建筑层高：地下室（4m 和 4.9m），首层 5.7m，二层以上为标准层，高均为 3m。

结构形式：本工程分为地下室、裙楼为现浇混凝土框架、剪力墙结构，二层以上为短肢剪力墙结构。

2. 脚手架的形式选择

根据本次施工工程的长度和高度及平面形式和结构类型，结合现有设备，经比较决定，首层梁板至地上 7 层梁板外架采用普通落地双排外脚手架。

八至二十一层（高度 39m）、二十一至三十一层（高度 30m）外架用 16 号工字钢分别在八层、二十一层悬挑钢脚手架（标准层均为 3m 层高），采用型钢悬挑双排外脚手架。

高度不大于 40m，悬挑采用 16 号工字钢。

屋面上部采用双排落地脚手架。

脚手架在塔吊、施工电梯需断开处，除断开部位增加连墙杆外，另用长钢管在不影响使用的部位将断开的两端拉接起来，保证脚手架稳固。但是作为安全储备，在架高 12m 附近的地方用钢丝绳斜拉一道。

3. 构造

悬挑脚手架的搭设方案如下：

（1）悬挑脚手架的受力体系采用 16 号工字钢、$\phi 48mm \times 3.5mm$ 钢管、扣件、$\phi 14mm$ 钢丝绳（$6mm \times 19mm$，公称抗拉强度 $1400N/mm^2$）及预埋吊环 $\phi 14mm$ 钢筋组成。

（2）钢丝绳吊点卸荷水平距离为立杆间距，在每 15m 处板面的边梁或外墙中设钢丝绳卸荷。预埋斜拉钢丝绳，采用 I 级钢 $\phi 14mm$ 制作，埋入深度不小于 $30d$，并要钩住结构钢筋。根据结构进度情况，及时将吊环与工字钢套上钢丝绳，采用 1.5t 葫芦拉紧，每头用 3 个 U 形卡固定。

（3）工字钢悬挑梁全长 3m，位于结构上的长度不低于 1.5m，每根工字钢的水平间距一般不得超过 1.5m（具体尺寸根据工程结构进行调整，不得大于 1.5m），上一楼层的吊环水平间距根据工字钢间距进行预埋，工字钢与上一楼层相应吊环在同一竖直平面内，水平偏差不得超过 100mm。

（4）内、外立杆均为单杆，立杆纵距 $l_a = 1.5m$（具体尺寸根据工程结构尺寸进行调整），立杆横距 $l_b = 0.9m$，内排立杆距外墙 $b_1 = 0.3m$（空调板和阳台等处要根据实际情况加大），扫地大横杆距工字钢表面 250mm，大横杆步距 $h = 1.8m$，小横杆端头距结构 $b_2 = 0.1m$，外排架内侧满挂密目安全网全封闭。要求所有斜拉节点处的小横杆端头要顶紧结构面作为水平压杆，并在拉节点处设置双扣件。

（5）扣件。

1）螺栓拧紧扭力矩不小于 40N·m，且不大于 65N·m。

2）双排脚手架，搭设高度 27.0m，立杆采用单立管。

3）立杆的纵距 1.50m，立杆的横距 0.90m，内排架距离结构 0.30m，立杆的步距 1.80m。

4）采用的钢管类型为 48mm×3.5mm。

5）连墙件采用 2 步 2 跨，竖向间距为 3.60m，水平间距为 3.00m。

6）施工活荷载为 3.0kN/m²，同时考虑二层施工。

7）脚手板采用竹笆片，荷载为 0.15kN/m²，按照铺设 14 层计算。

8）栏杆采用竹笆片，荷载为 0.15kN/m，安全网荷载取 0.0050kN/m²。

9）脚手板下大横杆在小横杆上面，且主节点间增加一根大横杆。

10）基本风压 0.45kN/m²，高度变化系数 1.6700，体型系数 0.8680。

11）悬挑水平钢梁采用 16 号工字钢，其中建筑物外悬挑段长度为 1.40m，建筑物内锚固段长度为 1.60m。

12）悬挑水平钢梁采用拉杆与建筑物拉结，最外面支点距离建筑物 1.20m。拉杆采用钢丝绳。

学习单元 2.5 吊 篮 式 脚 手 架

2.5.1 吊篮式脚手架的分类

吊篮式脚手架（又称高处作业吊篮）是指悬挑机构架设于建筑物或构筑物上，利用提升机构驱动悬吊平台，通过钢丝绳沿建筑物或构筑物立面上下运行的施工设施，也是为操作人员设置的作业平台。吊篮主要用于墙体砌筑或装饰工程施工，是高层建筑外装修和维修作业的常用脚手架。

吊篮式脚手架高空作业，吊篮构配件应符合以下要求：

（1）吊篮式脚手架应符合《高处作业吊篮》（GB 19155）等标准的规定，并应有完整的图纸资料和工艺文件。

（2）吊篮式脚手架的生产单位应具备必要的机械加工设备、技术力量及提升机、安全锁、电器柜和吊篮整机的检验能力。

（3）与吊篮产品配套的钢丝绳、索具、电缆、安全绳等均应符合《一般用途钢丝绳》（GB/T 20118）、《重要用途钢丝绳》（GB 8918）、《钢丝绳用普通套环》（GB/T 5974.1）、《压铸锌合金》（GB/T 13818）、《钢丝绳夹》（GB/T 5976）的规定。

（4）吊篮式脚手架的提升机、安全锁应有独立标牌，并应标明产品型号、技术参数、出厂编号、出厂日期、标定期、制造单位。

（5）吊篮式脚手架应附有产品合格证和使用说明书，应详细描述安装方法、作业注意事项。

（6）吊篮式脚手架连接件和紧固件应符合下列规定：

1）当结构件采用螺栓连接时，螺栓应符合产品说明书的要求；当采用高强度螺栓连接时，其连接表面应清除灰尘、油漆、油迹和锈蚀，应使用力矩扳手或专用工具，并应按设计、装配技术要求拧紧。

2）当结构件采用销轴连接方式时，应使用生产厂家提供的产品。销轴规格必须符合原设计要求。销轴必须有防止脱落的锁定装置。

（7）安全绳应使用锦纶安全绳，并应符合《安全带》（GB 6095）的要求。

（8）吊篮产品的研发、重大技术改进、改型应提出设计方案，并应有图纸、计算书、工艺文件；提供样机前应由法定检验检测机构进行型式检验；产品投产前应进行产品鉴定或验收。

根据吊篮驱动型式的不同，可分为手动吊篮和电动吊篮两类。

2.5.2 吊篮式脚手架的构造

1. 手动吊篮脚手架

手动吊篮脚手架由支承设施、吊篮绳、安全绳、手扳葫芦和吊架（或者吊篮）组成，如图 2-63 所示，利用手扳葫芦进行升降。

（1）支承设施。一般采用建筑物顶部的悬挑梁或桁架，必须按设计规定与建筑结构固

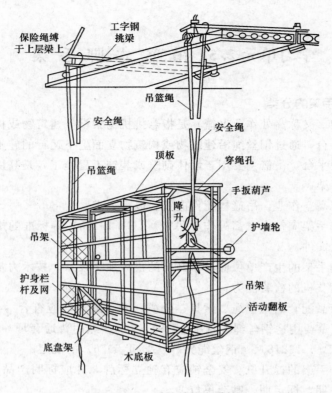

图 2-63　手动吊篮脚手架

定牢靠，挑出的长度应保证吊篮绳垂直于地面，如图 2-64（a）所示，如挑出过长，应在其下面加斜撑，如图 2-64（b）所示。

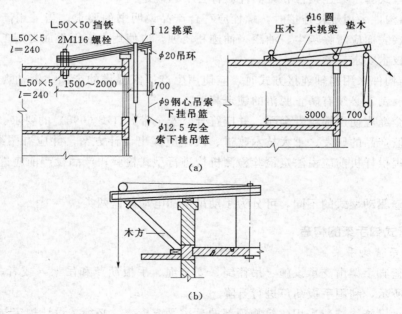

图 2-64　支承设施

吊篮绳可采用钢丝绳或钢筋链杆。钢筋链杆的直径不小于 16mm，每节链杆长 800mm，第 5～10 根链杆相互连成一级，使用时用卡环将各组连接成所需的长度。

安全绳应采用直径不小于 13mm 的钢丝绳。

（2）吊篮、吊架

1）组合吊篮一般采用 ϕ48mm 钢管焊接成吊篮片，再把吊篮片按图 2-65 所示用 ϕ48mm 钢筋扣接成吊篮，吊篮片间距为 2.0～2.5m，吊篮长不宜超过 8.0m，以免重量过大。

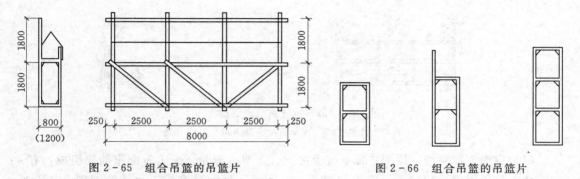

图 2-65　组合吊篮的吊篮片　　　　　　　图 2-66　组合吊篮的吊篮片

图 2-66 所示是双层、3 层吊篮片的形式。

2）框架式吊篮如图 2-67 所示，用 50m×3.5m 钢管焊接制成，主要用于外装修工程。

3）桁架式工作平台。桁架式工作平台一般由钢管或钢筋制成桁架结构，并在上面铺上脚手板，常用长度有 3.6m、4.5m、6.0m 等几种，宽度一般为 1.0～1.4m。这类工作台主要用于工业厂房或框架结构的围墙施工。

吊篮里侧两端应装置可伸缩的护墙轮，使吊篮在工作时能与结构面靠紧，以减少吊篮的晃动。

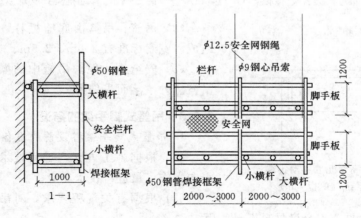

图 2-67　框架式吊篮

2. 电动吊篮脚手架

电动吊篮脚手架由屋面支承系统、绳轮系统、提升机构、安全锁和吊篮（或吊架）组成，如图 2-68 所示。目前吊篮脚手架都是工厂生产的定型产品。

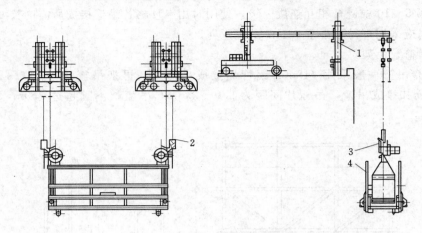

图 2-68 电动吊篮脚手架
1—屋面支撑系统；2—安全锁；3—提升机构；4—吊篮

（1）屋面支撑系统。屋面支撑系统由挑梁、支架、脚轮、配重及配重架等组成，有 4 种形式。简单固定挑梁式支承系统如图 2-69 所示；移动挑梁式支承系统如图 2-70 所示；高女儿墙移动挑梁式支承系统如图 2-71 所示；大悬臂移动桁架式支承系统如图 2-72 所示。

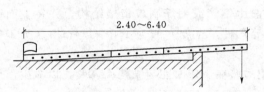

图 2-69 简单固定挑梁式支承系统（单位：m）

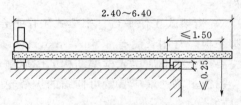

图 2-70 移动挑梁式支承系统（单位：m）

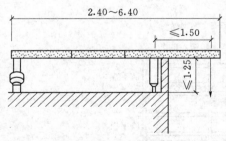

图 2-71 高女儿墙移动挑梁式
支承系统（单位：m）

（2）吊篮。吊篮由底篮栏杆、挂架和附件等组成。宽度标准有 2.0m、2.5m、3.0m 3 种。

（3）安全锁。保护吊篮中的操作人员不致因吊篮意外坠落而受伤害。

2.5.3 吊篮式脚手架的搭设

1. 吊篮式脚手架搭设前的准备工作

（1）根据施工方案，工程技术负责人必须逐级向操作人员进行技术交底。

（2）根据有关规程要求，对吊篮式脚手架的材料进行检查验收，不合格材料不得使用。

2. 吊篮式脚手架的安装顺序

吊篮式脚手架的安装顺序为：确定挑梁的位置—固定挑梁—挂上吊篮绳及安全绳—组装吊篮架体—安装手扳葫芦—穿吊篮绳及安全绳—提升吊篮—固定保险绳。

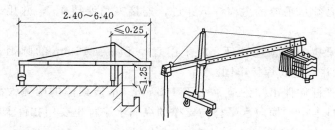

图 2-72 大悬臂移动桁架式支承系统（单位：m）

3. 吊篮式脚手架安装应遵守的规定

(1) 吊篮式脚手架安装时应按专项施工方案，在专业人员的指导下实施。

(2) 安装作业前，应划定安全区域，并应排除作业障碍。

(3) 吊篮式脚手架组装前应确认结构件、紧固件已配套且完好，其规格型号和质量应符合设计要求。

(4) 吊篮式脚手架所用的构配件应是同一厂家的产品。

(5) 在建筑物屋面上进行悬挂机构的组装时，作业人员应与屋面边缘保持 2m 的距离。组装场地狭小时应采取防坠落措施。

(6) 悬挂机构宜采用刚性连接方式进行拉结固定。

(7) 悬挂机构前支架严禁支撑在女儿墙上、女儿墙外或建筑物挑檐边缘。

(8) 前梁外伸长度应符合高处作业吊篮使用说明书的规定。

(9) 悬挑横梁应前高后低，前后水平高差不应大于横梁长度的 2%。

(10) 配重件应稳定可靠地安放在配重架上，并应有防止随意移动的措施。严禁使用破损的配重件或其他替代物。配重件的重量应符合设计规定。

(11) 安装时钢丝绳应沿建筑物立面缓慢下放至地面，不得抛掷。

(12) 当使用两个以上的悬挂机构时，悬挂机构吊点水平间距与吊篮平台的吊点间距应相等，其误差不应大于 50mm。

(13) 悬挂机构前支架应与支撑面保持垂直，脚轮不得受力。

(14) 安装任何形式的悬挑结构，其施加于建筑物或构筑物支承处的作用力，均应符合建筑结构的承载能力，不得对建筑物和其他设施造成破坏和不良影响。

(15) 吊篮式脚手架安装和使用时，在 10m 范围内如有高压输电线路，应按照现行行业标准《施工现场临时用电安全技术规范》（JGJ 46）的规定采取隔离措施。

4. 吊篮式脚手架安装要点

(1) 电动吊篮在现场组装完毕，经检查合格后，运到指定位置，接上钢丝绳和电源试车，同时由上部将吊篮绳和安全绳分别插入提升机构及安全锁中，吊篮绳一定要在提升机运行中插入。

(2) 支撑系统的挑梁应采用不小于 14 号的工字钢。挑梁的挑出端应略高于固定端。挑梁之间纵向应采用钢管或其他材料连接成一个整体。

(3) 安全绳的直径不小于 12.5mm，不准使用有接头的钢丝绳，封头卡扣不少于 3 个。

（4）吊篮绳必须从吊篮的主横杆下穿过，连接夹角保持45°，并用卡子将吊钩和吊篮绳卡死。

（5）承受挑梁拉力的预埋铁环，应采用直径不小于16mm的圆钢，埋入混凝土的长度大于360mm，并与主筋焊接牢固。

（6）扣件钢管杆件伸出扣件应不小于100mm。吊篮架体的两侧大面和两端小面应加设剪刀撑或斜撑杆卡牢，横向水平杆与支撑的纵向水平杆也要用扣件卡牢。

5. 吊篮式脚手架的使用

吊篮式脚手架使用应遵守以下规定：

（1）高处作业吊篮应设置作业人员专用的挂设安全带的安全绳及安全锁扣。安全绳应固定在建筑物可靠位置上，不得与吊篮上任何部位有连接。

（2）吊篮宜安装防护棚，防止高处坠物伤害作业人员。

（3）吊篮应安装上限位装置，宜安装下限位装置。

（4）使用吊篮作业时，应排除影响吊篮正常运行的障碍。在吊篮下方可能造成坠落物伤害的范围，应设置安全隔离区和警告标志，人员或车辆不得停留、通行。

（5）在吊篮内从事安装、维修等作业时，操作人员应佩戴工具袋。

（6）使用境外吊篮设备时应有中文使用说明书；产品的安全性能应符合我国的行业标准。

（7）不得将吊篮作为垂直运输设备，不得使用吊篮运送物料。

（8）吊篮内的作业人员不应超过两人。

（9）吊篮正常工作时，人员应从地面进入吊篮内，不得从建筑物顶部、窗口等处或其他孔洞处出入吊篮。

（10）在吊篮内的作业人员应佩戴安全帽，系安全带，并应将安全锁扣正确挂置在独立设置的安全绳上。

（11）吊篮平台内应保持荷载均衡，不得超载运行。

（12）吊篮做升降运行时，工作平台两端高差不得超过150mm。

（13）使用离心触发式安全锁的吊篮在空中停留作业时，应将安全锁锁定在安全绳上；空中启动吊篮时，应先将吊篮提升使安全绳松弛后再开启安全锁。不得在安全绳受力时强行扳动安全锁开启手柄；不得将安全锁开启手柄固定于开启位置。

（14）吊篮悬挂高度在60m及其以下的，宜选用长边不大于7.5m的吊篮平台；悬挂高度在100m及其以下的，宜选用长边不大于5.5m的吊篮平台；悬挂高度在100m以上的，宜选用不大于2.5m的吊篮平台。

（15）进行喷涂作业或使用腐蚀性液体进行清洗作业时，应对吊篮的提升机、安全锁、电气控制柜采取防污染保护措施。

（16）悬挑结构平行移动时，应将吊篮平台降落至地面，并应使其钢丝绳处于松弛状态。

（17）在吊篮内进行电焊作业时，应对吊篮设备、钢丝绳、电缆采取保护措施。不得将电焊机放置在吊篮内；电焊缆线不得与吊篮任何部位接触；电焊钳不得搭挂在吊篮上。

（18）在高温、高湿等不良气候和环境条件下使用吊篮时，应采取相应的安全技术措施。

（19）当吊篮施工遇有雨雪、大雾、风沙及 5 级以上大风等恶劣天气时，应停止作业，并将吊篮平台停放至地面，应对钢丝绳、电缆进行绑扎固定。

（20）当施工中发现吊篮设备有故障和安全隐患时，应及时排除，在可能危及人身安全时，应停止作业，并应由专业人员进行维修。维修后的吊篮应重新进行检查、验收，合格后方可使用。

（21）下班后不得将吊篮停留在半空中，应将吊篮放至地面。人员离开吊篮、进行吊篮的维修或每日收工后应将主电源切断，并应将电气柜中各开关置于断开位置并加锁。

6. 安全绳使用注意事项

（1）安全绳应符合《安全带》（GB 6095）的要求，其直径应与安全锁扣的规格相一致。

（2）安全绳不得有松散、断股、打结现象。

（3）安全锁扣的配件应完好、齐全，规格和方向标识应清晰可辨。

2.5.4 吊篮式脚手架的拆除

吊篮式脚手架拆除顺序为：吊篮逐步降至地面→拆除手扳葫芦→移走吊篮架体→抽出吊篮绳→拆除挑梁→解掉吊篮绳及安全绳→将挑梁及附件吊送到地面。

高处作业吊篮拆除操作要点如下：

（1）高处作业吊篮拆除时应按照专项施工方案，并应在专业人员的指挥下实施。

（2）拆除前应将吊篮平台下落至地面，并应将钢丝绳从提升机、安全锁中退出，切断电源。

（3）拆除支承悬挂机构时，应对作业人员和设备采取相应的安全措施。

（4）拆卸分解后的构配件不得放置在建筑物边缘，应采取防止坠落的措施。零散物应放置在容器中。不得将吊篮任何部件从屋顶处抛下。

2.5.5 吊篮式脚手架的检验

吊篮式脚手架在使用前必须经过施工、安装、监理等单位的验收，未经验收或验收不合格的吊篮不得使用。

吊篮式脚手架使用验收项目及标准：

吊篮式脚手架应按表 2 - 22 的规定逐台逐项验收，并应经空载运行试验合格后方可使用。

2.5.6 吊篮式脚手架实训

1. 实训任务

某学校××教学楼层高 3m，共 4 层。需要进行外墙粉刷，现要求搭设吊篮式脚手架。

2. 实训目标

（1）知识目标和能力目标。

1）熟悉吊篮式脚手架搭设的安全技术要求。

2）能正确进行脚手架搭设材料、工具、场地的准备工作。

3）熟悉吊篮式脚手架的基本组成与构造，掌握吊篮式脚手架的搭设工艺。

工程名称			结构形式	
建筑面积			机位布置情况	
总包单位			项目经理	
租赁单位			项目经理	
安拆单位			项目经理	

序号		检查部位	检查标准	检查结果
1	保证项目	悬挑机构	悬挑机构的连接销轴规格与安装孔相符并用锁定销可靠锁定	
			悬挑机构稳定，前支架受力点平整，结构强度满足要求	
			悬挑机构抗倾覆系数不小于2，配重铁足量稳妥安放，锚固点结构强度满足要求	
2		吊篮平台	吊篮平台组装符合产品说明书要求	
			吊篮平台无明显变形和严重锈蚀及大量附着物	
			连接螺栓无遗漏并拧紧	
3		操控系统	电系统符合施工现场临时用电安全技术规范要求	
			电气控制柜各种安全保护装置齐全、可靠，控制器件灵敏、可靠	
			电缆无破损裸露，收放自如	
4		安全装置	安全锁灵敏可靠，在标定有效期内，离心触发式制动距离不大于200mm，摆臂防倾3°～8°锁绳	
			独立设置锦纶安全绳，锦纶绳直径不小于16mm，锁绳器符合要求，安全绳与结构固定点的连接可靠	
			行程限位装置是否正确稳固、灵敏可靠	
			超高限位器止挡安装在距离顶端80cm处固定	
5		钢丝绳	动力钢丝绳、安全钢丝绳及索具的规格型号符合产品说明书要求	
			钢丝绳无断丝、断股、松股、硬弯、锈蚀，无油污和附着物	
			钢丝绳的安装稳妥、可靠	
6	一般项目	技术资料	吊篮安装和施工组织方案	
			安装、操作人员的资格证书	
			防护架钢结构制作构件产品合格证	
			产品标牌内容完整（产品名称、主要技术性能、制造日期、出厂编号、制造厂名称）	
7		防护	施工现场安全防护措施落实，划定安全区，设置安全警示标志	

验收结论

	总包单位	分包单位	租赁单位	安拆单位
验收人签字				

监理单位验收：
　　符合验收程序，同意使用（　　　）
　　不符合验收程序，重新组织验收（　　　）
　　总监理工程师（签字）：　　　　　　　　　　　　　　　年　　月　　日

注　本表由施工单位填报，监理单位、施工单位、租赁单位、安拆单位各存一份。

4) 掌握吊篮式脚手架的拆除操作要点。

5) 掌握吊篮式脚手架验收项目及标准。

（2）精神目标。

1) 培养团队合作精神，养成严谨的工作作风。

2) 做到安全施工、文明施工。

3. 理论知识准备

（1）吊篮式脚手架的组成和构造。

（2）吊篮式脚手架施工工具。

（3）吊篮式脚手架搭设的安全技术要求。

4. 实训重点

（1）吊篮式脚手架搭设材料与工具的准备。

（2）吊篮式脚手架搭设与拆除施工工艺。

5. 实训难点

（1）吊篮式脚手架搭设安全技术。

（2）搭拆程序及工艺要求。

6. 材料及工具

7. 在 A4 纸上绘制脚手架施工图

8. 实训施工准备

（1）踏勘现场，合理选择吊篮式脚手架屋面支撑系统的安放位置。

（2）根据踏勘现场情况，合理确定吊篮式脚手架的搭设方案。

（3）选择吊篮式脚手架的提升机构、安全锁和吊篮（吊架）。

（4）配备好扳手、钢丝钳等工具。

（5）对吊篮式脚手架进行验收，验收合格方可使用，不合格不得使用。

9. 搭设步骤

吊篮式脚手架的安装顺序为：确定挑梁的位置→固定挑梁→挂上吊篮绳及安全绳→组装吊篮架体→安装手扳葫芦→穿吊篮绳及安全绳→提升吊篮→固定保险绳。

10. 质量要求

（1）搭设吊篮式脚手架的材料规格和质量必须符合要求，不能随便使用。

（2）吊篮内侧距建筑物间隙不大于 100mm。吊篮的立杆间距为 0.5m。脚手板用 50mm 厚优质木板。龙骨间距 0.5m。吊篮内侧附于墙接触面，其余都用密目网围设。

（3）吊篮内侧两端应有可伸缩的护墙轮装置，使吊篮与建筑物在工作状态时能靠紧，以减少架体晃动。

（4）升降吊篮的手扳葫芦和安全锁必须使用有合格证和准用证的合格产品。受力绳在内，绳头在外，末端设有安全弯。为防止吊篮倾覆，应设置使吊篮和保险绳始终处于吊篮上方的装置。

11. 脚手架拆除

吊篮式脚手架拆除顺序为：吊篮逐步降至地面→拆除手扳葫芦→移走吊篮架体→抽出吊篮绳→拆除挑梁→解掉吊篮绳及安全绳→将挑梁及附件吊送到地面。

吊篮式脚手架搭设考核验收表见表 2-23，其学生工作页见表 2-24。

表 2-23 吊篮式脚手架搭设考核验收表

实训项目	吊篮式脚手架搭设		实训时间		实训地点	
姓名			班级		指导教师	
成绩						

序号	检验内容	要求及允许偏差	检验方法	验收记录	配分	得分
1	工作程序	正确的搭、拆程序	巡查		10	
2	准确性	支撑系统选择	观察、检查		10	
3	工具选择	正确选择	观察、检查		10	
4	固定挑梁	固定稳定	观察、检查		10	
5	吊篮绳及安全绳	正确选择	观察、检查		10	
6	组装吊篮	正确组装	观察、检查		10	
7	安装手扳葫芦	正确安装	观察、检查		10	
8	安全施工	安全设施到位	巡查		5	
		没有危险动作	巡查		5	
9	文明施工	工具完好、场地整洁	巡查		5	
	施工进度	按时完成	巡查		5	
10	团队精神	分工协作	巡查		5	
	工作态度	人人参与	巡查		5	

表 2-24 吊篮式脚手架搭设学生工作页

实训项目		实训时间		实训地点		
姓名		班级		指导教师		成绩
知识要点			评分权重 30%		得分：	
吊篮式脚手架的构造						
吊篮式脚手架的分类						
吊篮式脚手架的组成						
操作要领			评分权重 50%		得分：	
（1）记录吊篮式脚手架搭设的工具						
（2）记录吊篮式脚手架搭设的材料						
（3）吊篮式脚手架安装要点						
（4）吊篮式脚手架搭设的工艺顺序						
（5）吊篮式脚手架拆除顺序						
操作心得			评分权重 20%		得分：	

学习单元2.6 附着式升降脚手架

2.6.1 附着式升降脚手架的分类

附着式升降脚手架是指搭设一定高度并附着于工程结构上，依靠自身的升降设备和装置，可随工程结构爬升或下降，具有防倾覆、防坠落装置的外脚手架。由于它具有沿工程结构爬升（降）的状态属性，因此，也可简称为"爬架"。

附着式升降脚手架根据不同的分类方法可分为很多种类。

（1）按附着支承方式分类。附着支承是将脚手架附着于工程边侧结构（墙体、框架）之侧，并支承和传递脚手架荷载的附着构造，按附着支承方式可划分成7种，见表2-25。

表 2-25　　　　　　　　　　　按附着支承方式分类

序号	类别	图　示	说　明
1	套框（管）式附着升降	滑动框　固定框	套框（管）式附着升降脚手架，是由交替附着于墙体结构的固定框架和滑动框架（可沿固定框架滑动）构成的附着升降脚手架
2	导轨式附着脚手架	导轨　架体　支座	导轨式附着升降脚手架是通过架体沿附着于墙体结构的导轨升降的脚手架
3	导座式附着脚手架	导轨梁体　导座　架体上导轨　导座	导座式附着升降脚手架是通过带导轨架体，沿附着于墙体结构的导座升降的脚手架

序号	类别	图 示	说 明
4	挑轨式附着升降脚手架	导轨 上挑梁 副挑梁	挑轨式附着升降脚手架是通过架体悬吊于带防倾导轨的挑梁带（固定于工程结构的）下，并沿导轨升降的脚手架
5	套轨式附着升降脚手架	套轨支座 导轨架体 固定支座	套轨式附着升降脚手架是通过架体与固定支座相连并沿套轨支座升降、固定支座与套轨支座交替与工程结构附着的升降脚手架
6	吊套式附着升降脚手架	套框 吊拉装置	吊套式附着升降脚手架是采用吊拉式附着支承的、架体可沿套框升降的附着升降脚手架
7	吊轨式附着升降脚手架	架体 吊拉装置 导轨 吊拉装置	吊轨式附着升降脚手架是采用设导轨的吊拉式附着支承、架体沿导轨升降的脚手架

（2）按升降方式分类。附着升降脚手架都是由固定或悬挂、吊挂于附着支承上的各节（跨）3～7 层（步）架体所构成，按各节架体的升降方式可分为 3 种，见表 2-26。

表 2 - 26

按升降方式分类

序号	类别	说　明
1	单跨（片）升降附着升降脚手架	单跨（片）升降式附着升降脚手架，即每次单独升降一节（跨）架体的附着升降脚手架
2	整体升降的附着升降脚手架	整体升降的附着升降脚手架，即每次升降2节（跨）甚至四周全部架体的附着升降脚手架，如图1所示 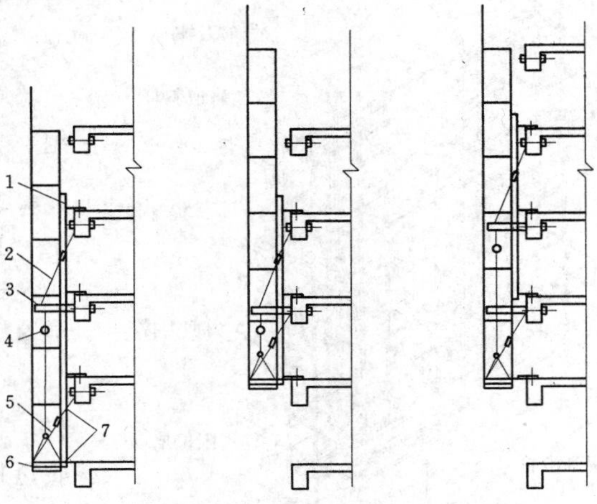 图1　整体升降式脚手架上升工艺 （a）提升前；（b）提升后；（c）固定状态 1—防倾导轨；2—上斜拉杆；3—悬挂梁； 4—电动葫芦；5—下斜拉杆；6—底盘；7—松脱
3	互爬式附着升降脚手架	互爬式附着升降脚手架，是以相邻架体互为支托并交替提升（或落下）的附着升降脚手架，如图2所示。 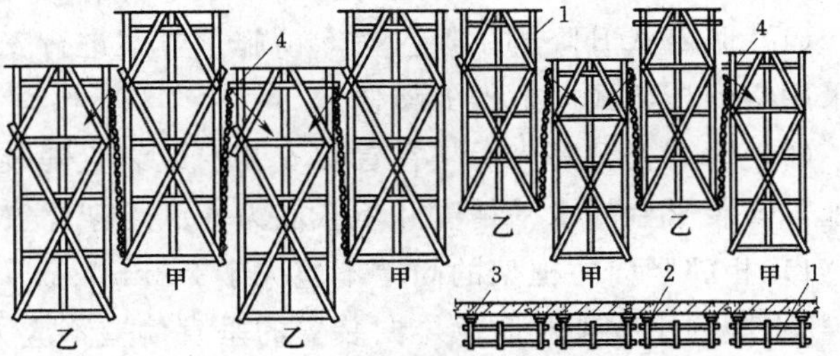 图2　互爬式附着升降脚手架 1—提升单元；2—提升横梁； 3—连墙支座；4—手拉葫芦

　　（3）按提升设备分类。附着式升降脚手架按提升设备的不同，可分为手动（葫芦）提升、电动（葫芦）提升、卷扬提升和液压提升4种。其提升设备分别使用手动葫芦、电动葫芦、小型卷扬机和液压升降设备。手动葫芦只用于分段（1～2跨架体）提升和互爬提升；电动葫芦可用于分段和整体提升；卷扬提升方式用得较少，而液压提升技术仍在不断完善之中。

2.6.2 附着式升降脚手架的构造

附着式升降脚手架的构造复杂，以导轨式附着脚手架为例，构造如图2-73所示，其由三部组成：支架、爬升机构和安全装置。

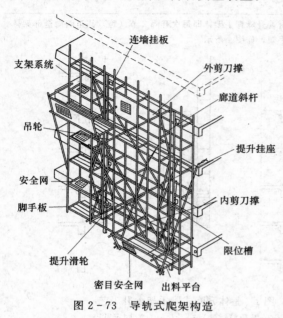

图2-73 导轨式爬架构造

连墙挂板
支架系统
外剪刀撑
廊道斜杆
吊轮
提升挂座
安全网
内剪刀撑
脚手板
提升滑轮
限位槽
密目安全网
出料平台

（1）支架（架体结构）包括支架、导轨、连墙支杆座、连墙支杆、连墙挂板。

（2）爬升机构包括提升挂座、提升葫芦、提升钢丝绳、提升滑轮组。

（3）安全装置包括防坠落装置、导轮组、安全网、限位锁。

2.6.3 附着式升降脚手架的搭设

1. 脚手架搭设

附着式升降脚手架搭设前应做好以下准备工作：

（1）按设计要求备齐设备、构件、材料，在现场分类堆放，所需材料必须符合质量标准。

（2）组织操作人员学习有关技术、安全规程，熟悉设计图样和各种设备的性能，掌握技术要领和工作原理，对施工人员进行技术交底和安全交底。

（3）电动葫芦必须逐台检验，按机位编号，电控柜和电动葫芦应按要求全部接通电源进行系统检查。

附着式升降脚手架安装应符合以下要求：

（1）附着式升降脚手架应按专项施工方案进行安装，可采用单片式主框架的架体，也可采用空间桁架式主框架的架体。

（2）附着式升降脚手架在首层安装前应设置安装平台，应有保障施工人员安全的防护措施，安装平台的水平精度和承载能力应满足架体安装的要求。安装时应符合下列规定：

1）相邻竖向主框架的高差不应大于20mm。

2）竖向主框架和防倾导向装置的垂直偏差不应大于5‰，且不得大于60mm。

3）预留穿墙螺栓孔和预埋件应垂直于建筑结构外表面，其中心误差应小于15mm。

4）连接处所需要的建筑结构混凝土强度应由计算确定，但不应小于C10。

5）升降机构连接应正确且牢固可靠。

6）安全控制系统的设置和试运行效果应符合设计要求。

7）升降动力设备工作正常。

（3）附着支承结构的安装应符合设计规定，不得少装和使用不合格螺栓及连接件。

（4）安全保险装置应全部合格，安全防护设施应齐备，且应符合设计要求，并应设置必要的消防设施。

（5）电源、电缆及控制柜等的设置应符合《施工现场临时用电安全技术规范》（JGJ 46）的有关规定。

（6）采用扣件式脚手架搭设的架体构架，其构造应符合《建筑施工扣件式钢管脚手架安全技术规范》（JGJ 130）的要求。

（7）升降设备、同步控制系统及防坠落装置等专项设备，均应采用同一厂家的产品。

（8）升降设备、控制系统、防坠落装置等应采取防雨、防砸、防尘等措施。

附着升降脚手架的搭设顺序为：安装承重底盘→搭设水平承力框架、竖向框架、横向水平杆→交圈安装承重桁架的纵向水平杆→搁栅与扶手→张拉安全网→搭设剪刀撑→安装滑轮→安装防倾覆导轨和导向框架→搭设出料平台及电梯位置脚手架开口处→脚手架体检查。

2. 脚手架升降

（1）附着式升降脚手架可采用手动、电动和液压 3 种升降形式，并应符合下列规定：

1）单跨架体升降时，可采用手动、电动和液压 3 种升降形式。

2）当两跨以上的架体同时整体升降时，应采用电动或液压设备。

（2）附着式升降脚手架每次升降前应按规定进行检查，经检查合格后，方可进行升降。

（3）附着式升降脚手架的升降操作应符合《建筑施工工具式脚手架安全技术规范》（JGJ 202）中相关的规定。

（4）升降过程中应实行统一指挥、统一指令。升降指令应由总指挥一人下达；当有异常情况出现时，任何人均可立即发出停止指令。

（5）当采用环链葫芦作升降动力时，应严密监视其运行情况，及时排除翻链、铰链和其他影响正常运行的故障。

（6）当采用液压设备作升降动力时，应排除液压系统的泄漏、失压、颤动、油缸爬行和不同步等问题和故障，确保正常工作。

（7）架体升降到位后，应及时按使用状况要求进行附着固定；在没有完成架体固定工作前，施工人员不得擅自离岗或下班。

（8）附着式升降脚手架架体升降到位固定后，应按《建筑施工工具式脚手架安全技术规范》（JGJ 202）中相关的规定进行检查，合格后方可使用；遇 5 级及 5 级以上大风和大雨、大雪、浓雾和雷雨等恶劣天气时，不得进行升降作业。

附着式升降脚手架的升降操作注意事项如下：

（1）应按升降作业程序和操作规程进行作业。

（2）操作人员不得停留在架体上。

（3）升降过程中不得有施工荷载。

（4）所有妨碍升降的障碍物应已拆除。

（5）所有影响升降作业的约束应已解除。

（6）各相邻提升点间的高差不得大于 30mm，整体架最大升降差不得大于 80mm。

3. 脚手架使用

附着式升降脚手架使用应符合以下要求：

（1）附着式升降脚手架应按设计性能指标使用，不得随意扩大使用范围；架体上的施工荷载应符合设计规定，不得超载，不得放置影响局部杆件安全的集中荷载。

（2）架体内的建筑垃圾和杂物应及时清理干净。

（3）当附着式升降脚手架停用超过3个月时，应提前采取加固措施。

（4）当附着式升降脚手架停用超过1个月或遇6级及6级以上大风后复工时，应进行检查，确认合格后方可使用。

（5）螺栓连接件、升降设备、防倾装置、防坠落装置、电控设备、同步控制装置等应每月进行维护和保养。

2.6.4 脚手架拆除

当架子降至地面时，逐层拆除脚手架杆件和导轨等爬升机构构件。拆下的材料构件应集中堆放，清理保养后入库。

附着式升降脚手架拆除注意事项如下：

（1）附着式升降脚手架的拆除工作应按专项施工方案及安全操作规程的有关要求进行。

（2）应对拆除作业人员进行安全技术交底。

（3）拆除时应有可靠的防护人员或物料坠落的措施，拆除的材料及设备不得抛扔。

（4）拆除作业应在白天进行。遇5级及5级以上大风和大雨、大雪、浓雾和雷雨等恶劣天气时，不得进行拆除作业。

2.6.5 附着式升降脚手架检查验收

附着式升降脚手架安装前应具备下列文件：

（1）相应资质证书及安全生产许可证。

（2）附着式升降脚手架的鉴定或验收证书。

（3）产品进场前的自检记录。

（4）特种作业人员和管理人员岗位证书。

（5）各种材料及工具的质量合格证、材质单、测试报告。

（6）主要部件及提升机构的合格证。

附着式升降脚手架应在下列阶段进行检查与验收：

（1）首次安装完毕。

（2）提升或下降前。

（3）提升、下降到位，投入使用前。

在附着式升降脚手架使用、提升和下降阶段均应对防坠、防倾装置进行检查，合格后方可作业。附着式升降脚手架所使用的电气设施和线路应符合《施工现场临时用电安全技术规范》（JGJ 46）的要求。

2.6.6 附着式升降脚手架参观实训

1. 实训任务

北京京皖世纪大酒店，设计单位为中国建筑科学研究院，中建一局二公司承建施工，地上25层，首层5.5m，二层5m，三层5.04m，设备层2.15m，五层以上为标准层，标准层高 3.3m。

本工程外围护脚手架拟采用附着式升降脚手架，组装时第 1～9 榀、25～38 榀主框架从首层楼板标高上 2m 位置开始组装，第 10～24 榀主框架从 4 层楼板标高上 0.5m 位置开始组装。第 9 榀和第 25 榀位置架体组装时从 G 轴外侧 1.7m 位置处开始排 B 片，并且保证搭设的附着升降脚手架架体与相邻双排落地架架体至少有 250mm 的净空距离，防止架体提升时与双排落地架刮蹭。

2. 实训目标

(1) 知识目标和能力目标

1) 认识附着式升降脚手架的基本安全技术要求。

2) 了解附着式升降脚手架的搭设工艺。

3) 了解附着式升降脚手架验收项目及标准。

(2) 精神目标

1) 培养团队合作精神，养成严谨的工作作风。

2) 做到安全施工、文明施工。

3. 理论知识准备

(1) 了解附着式升降脚手架专项方案编制的基本要求。

(2) 了解附着式升降脚手架的安全技术要求。

4. 实训重点

附着式升降脚手架专项方案编制。

5. 实训难点

(1) 附着式升降脚手架专项方案编制。

(2) 附着式升降脚手架的安全技术要求。

6. 附着式升降脚手架专项施工方案

附着式升降脚手架搭设考核验收表见表 2-27，学生工作页见表 2-28。

表 2-27　　　　　　　　　　　　　附着式升降脚手架搭设考核验收表

实训项目	附着式升降脚手架搭设		实训时间		实训地点	
姓名			班级		指导教师	
成绩						

序号	检验内容	要求及允许偏差	检验方法	验收记录	配分	得分
1	准确性	正确的搭、拆程序	提问		10	
2	准确性	导座式升降脚手架的掌握	提问		10	
3	准确性	架体构成	提问		10	
4	准确性	防坠装置	提问		10	
5	准确性	架体工艺	提问		10	
6	准确性	附着式升降脚手架施工工艺	提问		10	
7	准确性	安全防护	提问		10	

序号	检验内容	要求及允许偏差	检验方法	验收记录	配分	得分
8	安全施工	安全设施到位	巡查		5	
		没有危险动作	巡查		5	
9	文明施工	工具完好、场地整洁	巡查		5	
	施工进度	按时完成	巡查		5	
10	团队精神	分工协作	巡查		5	
	工作态度	人人参与	巡查		5	

表 2-28　　　　　　　　附着式升降脚手架搭设学生工作页

实训项目		实训时间		实训地点		
姓名		班级		指导教师		成绩
知识要点			评分权重30%		得分：	
附着式升降脚手架的构造						
附着式升降脚手架的分类						
附着式升降脚手架结构构造的尺寸要求						
操作要领			评分权重50%		得分：	
（1）附着式升降脚手架的准备工作						
（2）附着式升降脚手架升降规定						
（3）附着式升降脚手架拆除主要事项						
（4）附着式升降脚手架搭设的工艺顺序						
（5）附着式升降脚手架拆除顺序						
操作心得			评分权重20%		得分：	

学习单元 2.7 模板支撑架

用脚手架材料可以搭设各类模板支撑架,包括梁模、板模、梁板模和箱基模等,并大量用于梁板模板的支架中。在板模和梁板模支架中,支撑高度大于 4.0m 者称为高支撑架,有早拆要求及其装置者,称为早撑模板体系支撑架。

2.7.1 分类

扣件式、碗扣式和门式钢管脚手架材料均可用于构造模板支撑架,并各具特点。按其构造情况可作以下分类:

1. **按构造类型划分**

(1) 支柱式支撑架(支柱承载的构架)。

(2) 片(排架)式支撑架(由一排有水平拉杆连接的支柱形成的构架)。

(3) 双排支撑架(两排立杆形成的支撑架)。

(4) 空间框架式支撑架(多排或满堂设置的空间构架)。

2. **按杆系结构体系划分**

(1) 几何不可变杆系结构支撑架(杆件长细比符合桁架规定、竖平面斜杆设置不小于均占两个方向构架框格 1/2 的构架)。

(2) 非几何不可变杆系结构支撑架(符合脚手架构架规定,但有竖平面斜杆设置的框格低于其总数 1/2 的构架)。

3. **按支柱类型划分**

(1) 单立杆支撑架。

(2) 双立杆支撑架。

(3) 格构柱群支撑架(由格构柱群体形成的支撑架)。

(4) 混合支柱支撑架(混用单立杆、双立杆、格构柱的支撑架)。

4. **按水平构架情况划分**

(1) 水平构造层不设或少量设置斜杆或剪刀撑的支撑架。

(2) 有 1 或数道水平加强层设置的支撑架,又可分为。

1) 板式水平加强层(每道仅为单层设置,斜杆设置不小于 1/3 水平框格)。

2) 桁架式水平加强层(每道为双层,并有竖向斜杆设置)。

此外,单、双排支撑架还有设附墙拉结(或斜撑)与不设之分,后者的支撑高度不宜大于 4m。支撑架所受荷载一般为竖向荷载,但箱基模板(墙板模板)支撑架则同时受竖向和水平荷载作用。

2.7.2 碗扣式钢管支撑架构造与搭设

碗扣式钢管支撑架是采用碗扣式钢管脚手架系列构件搭设的支撑架,目前广泛应用于现浇钢筋混凝土墙、柱、梁、楼板、桥梁、地道桥和地下行人道等工程。

在高层建筑现浇混凝土结构施工中,如果把碗扣式钢管支撑架与快速拆模系统配合使用,则可使模板和支撑架的周转速度比其他支撑架快,材料占用量能减少一半,经济效益十分明显。

1. 碗扣式钢管支撑架构造

(1) 一般碗扣式支撑架。碗扣式钢管支撑架一般搭成如图 2-74 所示形式。支撑架中框架单元的基本尺寸有 5 种组合:

类型	基本尺寸（框长×框宽×框高）(m×m×m)
A 型	1.8×1.8×1.8
B 型	1.2×1.2×1.8
C 型	1.2×1.2×1.2
D 型	0.9×0.9×1.2
E 型	0.9×0.9×0.6

支撑架中框架单元的框高应根据荷载等因素进行选择。

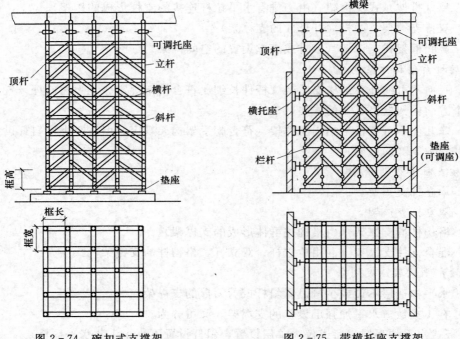

图 2-74 碗扣式支撑架   图 2-75 带横托座支撑架

(2) 带横托座支撑架。图 2-75 所示为带横托座（或可调横托座）支撑架,其中横托座既可作为墙体的侧向模板支撑,又可作为支撑架的横（侧）向限位支撑。

(3) 底部扩大支撑架。对于荷载较大的支撑架,可扩大底部架子,其构造如图 2-76 所示,用斜杆将上部支撑架的荷载部分传递到扩大部分的立杆上。

(4) 高架支撑架。当支撑架高宽（按窄边计）比超过 5 时,应采取图 2-77 所示的高架支撑架构造;否则须按规定设置缆风绳紧固。

(5) 支撑柱支撑架。当施工荷载较重时,应采用图 2-78 所示碗扣式钢管支撑柱组成的支撑架。

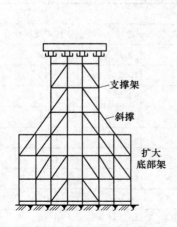

图 2-76 底部扩大支撑架

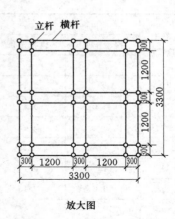

图 2-77 高架支撑架构造

2. 碗扣式钢管支撑架搭设

（1）施工准备。

1）根据施工要求，选定支撑架的形式及尺寸，画出组装图。支撑架在各种荷载作用下，每根立杆可支撑的面积见表 2-29。

2）按支撑架高度选配立杆、顶杆、可调底座和可调托座，列出材料明细表。

表 2-30 列出了用 0.6m 可调托座调节时，立柱（包括立杆底座、立杆、顶杆和可调托座）配件的组合搭配。

3）支撑架地基处理要求以及放线定位、底座安放的方法均与碗扣式钢管脚手架搭设的要求及方法相同。

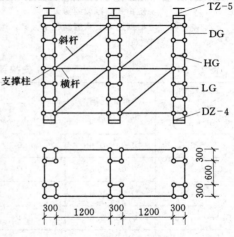

图 2-78 支撑柱支撑架

除架立在混凝土等坚硬基础上的支撑架底座可用立杆垫座外，其余均应设置立杆可调底座。

在搭设与使用过程中，应随时注意基础沉降，对悬空的立杆必须调整底座，使各杆件受力均匀。

表 2-29　　　　　　　　　支撑架荷载及立杆支撑面积

混凝土厚度/cm	支撑总荷载/(kN/m²)					
	混凝土重	模板楞条	冲击荷载	人行机具动荷载	总计	每根立杆可支撑面积
	P_1	P_2	$P_3 = P_1 \times 30\%$	P_4	$\sum P$	S/m^2
10	2.4	0.45	0.72	2	5.57	5.39
15	3.6	0.45	1.08	2	7.13	4.21
20	4.8	0.45	1.44	2	8.69	3.45

混凝土厚度/cm	支撑总荷载/(kN/m²)					每根立杆可支撑面积
	混凝土重	模板楞条	冲击荷载	人行机具动荷载	总计	
	P_1	P_2	$P_3 = P_1 \times 30\%$	P_4	$\sum P$	S/m^2
25	6	0.45	1.8	2	10.25	2.93
30	7.2	0.45	2.16	2	11.81	2.54
40	9.6	0.45	2.88	2	14.93	2.01
50	12	0.45	3.6	2	18.05	1.66
60	14.4	0.45	4.32	2	21.17	1.42
70	16.8	0.45	5.04	2	24.29	1.24
80	19.2	0.45	5.76	2	27.41	1.09
90	21.6	0.45	6.48	2	30.53	0.98
100	24	0.45	7.2	2	33.65	0.89

注　1. 本表适用于碗扣式支撑架的搭设。

　　2. 搭设前，应根据施工要求编制施工方案，选定支撑架的形式及尺寸。

　　3. 1000N 等于 100kg。

表 2-30　　　　　　　　　　　　支撑架高度与构件组合

杆件类型数量　支撑高度/m	可调托座可调高度/m	立杆数量		顶杆数量	
		IG-300（3m）	LG-180（1.8m）	DG-150（1.5m）	DG-90（0.9m）
2.75～3.35	0.05～0.65	0	1	0	1
3.35～3.95	0.05～0.65	0	1	1	0
3.95～4.55	0.05～0.65	1	0	0	1
4.55～5.15	0.05～0.65	1	0	1	0
5.15～5.75	0.05～0.65	0	2	1	0
5.75～6.35	0.05～0.65	1	1	0	1
6.35～6.95	0.05～0.65	1	1	1	0
6.95～7.55	0.05～0.65	2	0	0	1
7.55～8.15	0.05～0.65	2	0	1	0
8.15～8.75	0.05～0.65	1	2	1	0
8.75～9.35	0.05～0.65	2	1	0	1
9.35～9.95	0.05～0.65	2	1	1	0
9.95～10.55	0.05～0.65	3	0	0	1
10.55～11.15	0.05～0.65	3	0	1	0
11.15～11.75	0.05～0.65	2	2	1	0
11.75～12.35	0.05～0.65	3	1	0	1

杆件类型数量 支撑高度/m	可调托座 可调高度/m	立杆数量		顶杆数量	
		IG-300（3m）	LG-180（1.8m）	DG-150（1.5m）	DG-90（0.9m）
12.35~12.95	0.05~0.65	3	1	1	0
12.95~13.55	0.05~0.65	4	0	0	1
13.55~14.15	0.05~0.65	4	0	1	0
14.15~14.75	0.05~0.65	3	2	1	0
14.75~15.35	0.05~0.65	4	1	0	1
15.35~15.95	0.05~0.65	4	1	1	0
15.95~16.55	0.05~0.65	5	0	0	1
16.55~17.15	0.05~0.65	5	0	1	0
17.15~17.75	0.05~0.65	4	2	1	0
17.75~18.35	0.05~0.65	5	1	0	1

（2）支撑架搭设。

1）树立杆。立杆安装同脚手架。

第一步立杆的长度应一致，这样支撑架的各立杆接头在同一水平面上，顶杆仅在顶端使用，以便能插入底座。

2）安放横杆和斜杆。横杆、斜杆安装同脚手架。

在支撑架四周外侧设置斜杆。斜杆可在框架单元的对角节点布置，也可以错节设置。

3）安装横托座。横托座一端由碗扣接头同支座架连接，另一端插上可调托座，安装支撑横梁（图2-79）。

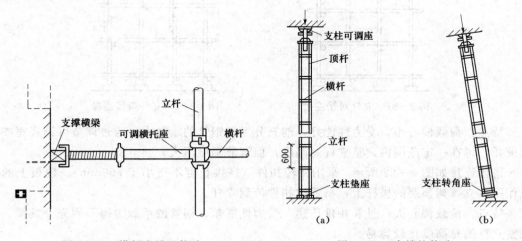

图2-79　横托座设置构造　　　　　图2-80　支撑柱构造

横托座应设置在横杆层，并且两侧对称布置。

4）支撑柱搭设。支撑柱构造如图2-80所示，其基本框架单元为0.3m×0.3m×

0.6m，柱长度可根据施工要求确定。支撑柱下端装入柱垫座或可调座，上墙装入支座柱可调座〔图2-80（a）〕，支撑柱的支撑方向如果要求不垂直，需要倾斜时，下端可采用支撑柱转角座，其可调角度为±10°〔图2-80（b）〕。

支撑柱也可以预先拼装，现场可整体吊装以提高搭设速度。

（3）检查验收。支撑架搭设到3～5层时，应检查每个立杆（柱）底座下是否浮动或松动；否则应旋紧可调底座或用薄铁片填实。

3. 扣件式钢管支撑架

扣件式钢管支撑架采用扣件式钢管脚手架的杆、配件搭设。

（1）施工准备。

1）支撑架搭设的准备工作。如场地清理平整、定位放线、底座安放等均与脚手架搭设时相同。

2）立杆布置。扣件式钢管支撑架立杆间距一般应通过计算确定。通常取1.2～1.5m，不得大于1.8m。对较复杂的工程，须根据建筑结构的主梁、次梁、板的布置，模板的配板设计、装拆方式，纵、横楞的安排等情况，画出支撑架立杆的布置图。

（2）支撑架搭设。

1）立杆的接长。扣件式支撑架的高度可根据建筑物的层高确定。立杆的接口可采用对接或搭接连接。对接连接如图2-81所示。支撑架立杆采用对接扣件连接时，在立杆的顶端安插一个顶托，被支撑的模板荷载通过顶托直接作用在立杆上。

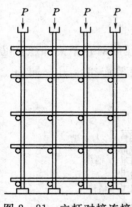 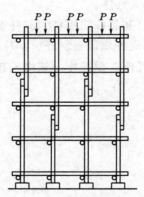

图2-81 立杆对接连接　　　　　图2-82 立杆搭接连接

特点：荷载偏心小，受力性能好，能充分发挥钢管的承载力。通过调节可调底座或可调顶托，可在一定范围内调整立杆总高度，但调节幅度不大。

搭接连接如图2-82所示。采用回转扣件（搭接长度不得小于600mm）。模板上的荷载作用在支撑架顶层的横杆上，再通过扣件传到立杆。

特点：荷载偏心大，且靠扣件传递，受力性能差，钢管的承载力得不到充分发挥。但调整立杆的总高度比较容易。

2）水平拉结杆设置。为加强扣件式支撑架的整体稳定性，在支撑架立杆之间纵、横两个方向均必须设置扫地杆和水平拉结杆。

各水平拉结杆的间距（步高）一般不大于1.6m。

如图 2-83 所示为一扣件式满堂支撑架水平拉结杆布置的实例。

如图 2-84 所示为扣件式满堂支架中水平拉结杆布置的另一实例——密肋楼盖模板支撑架。

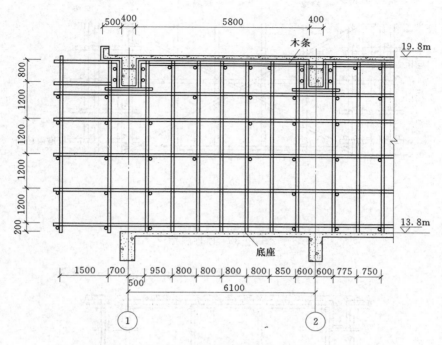

图 2-83　梁板结构模板支撑架

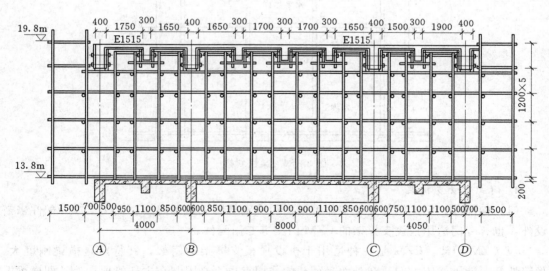

图 2-84　密肋楼盖模板支撑架

3）斜杆设置。为保证支撑架的整体稳定性，在设置纵、横向水平拉结杆的同时，还必须设置斜杆，具体搭设时可采用刚性斜撑或柔性斜撑。

刚性斜撑：刚性斜撑以钢管为斜撑，水平杆连接见图 2-85。

柔性斜撑：用扣件将它们与支撑架中的立杆和柔性斜撑采用钢能铅丝、铁链等材料，必须交叉布置，并且每根拉杆中均要设置花篮螺钉（图 2-86），以保证拉杆不松弛。

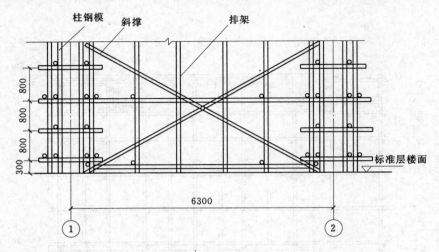

图 2-85　刚性斜撑

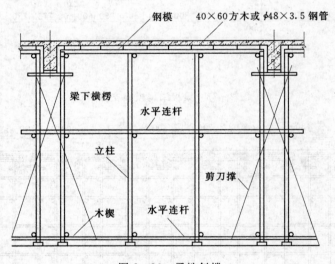

图 2-86　柔性斜撑

4. 门式钢管支撑架

（1）构配件。门式钢管支撑架除可采用门式钢管脚手架的门架、交叉支撑等配件来搭设外，也有专门适用搭设支撑架的 CZM 门架等专用配件。

1）CZM 门架。CZM 是一种适用于搭设模板支撑架的门架，其特点是横梁刚度大、稳定性好、能承受较大的荷载，而且荷载的作用点也不必限制在主杆的顶点处，即横梁上任意位置均可作为荷载支承点。

CZM 门架的构造如图 2-87 所示，门架基本高度有 3 种，即 1.2m、1.4m 和 1.8m；宽度为 1.2m。

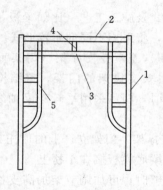

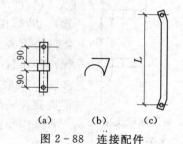

图 2-87 CZM 门架构造

1—门架立杆；2—上横杆；3—下横杆；

4—腹杆；5—加强杆

（1.2m 高门架没有加强杆）

图 2-88 连接配件

2）调节架。调节架高度有 0.9m 和 0.6m 两种，宽度为 1.2m，用来与门架搭配，以配装不同高度的支撑架。

3）连接棒、销钉、销臂。上下门架、调节架的竖向连接，采用连接棒〔图 2-88（a）〕，连接棒两端均钻有孔洞，插入上、下两门架的立杆内，并在外侧安装销臂〔图 2-88（c）〕，再用自锁销钉（图 2-88（b））穿过销臂、立杆和连接棒的销孔，将上下立杆直接连接起来。

4）加载支座、三角支承架。当托梁的间距不是门架的宽度（1.2m），且荷载作用点的间距大于或小于 1.2m 时，可用加载支座或三角支承架进行调整，可调整的间距范围为 0.5～1.8m。

a. 加载底座。加载支座构造如图 2-89 所示，使用时用扣件将底杆与门架的上横杆扣牢，小立杆的顶端加托座即可使用。

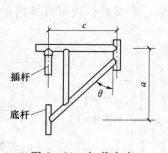

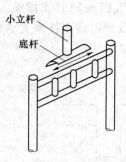

图 2-89 加载支座

图 2-90 三角支承架

b. 三角支承架。三角支承架构造如图 2-90 所示，宽度有 150mm、300mm 和 400mm 等几种，使用时将插件插入门架立杆顶端，并用扣件将底杆与立杆扣牢，然后在小立杆顶端设置顶托即可使用。

图 2-91 是采用加载支座和三角支承架调整荷载作用点（托梁）的示意图。

（2）门式钢管支撑架搭设。采用门式钢管脚手架的门架、配件等搭设模板支撑架，根

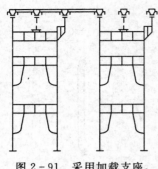

图 2-91 采用加载支座、
三角支承架

据楼（屋）盖的形式及施工工艺（比如梁板是同时浇注还是先后浇注）等因素，将采用不同的布置形式。

1）肋形楼（屋）盖模板支撑架（门架垂直于梁轴线布置）。肋形楼（屋）式支撑架的门架，盖结构中梁、板为整体现浇混凝土施工时，门可采用平行于梁轴线或垂直于梁轴线两种布置方式。

a. 梁底模板支撑架。门架立杆上的顶托支撑着托梁，小楞搁置在托梁上，梁底模板搁在小楞上。

若门架高度不够时，可加调节架加高支撑架的高度（图2-92）。

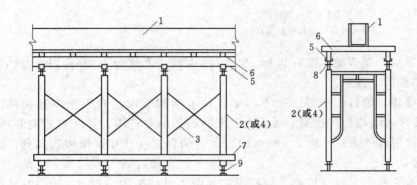

图 2-92　梁底模板支撑架
1—混凝土梁；2—门架；3—交叉支撑；4—调节架；5—托梁；6—小楞；
7—扫地杆；8—可调托座；9—可调底座

b. 梁、楼板底模板同时支撑架。当梁高不大于 350mm 时（可调顶托的最大高度），在门架立杆顶端设置可调顶托来支承楼板底模，而梁底模板可直接搁在门架的横梁上（图2-93）。

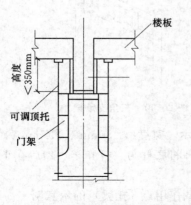

图 2-93　梁、板底模板支撑架

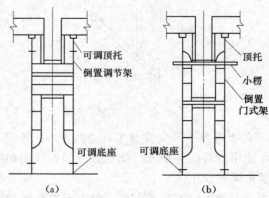

图 2-94　梁、板底模板支撑架形式

94

当梁高大于 350mm 时，可将调节架倒置，将梁底模板支承在调节架的横杆上，而立杆上端放上可顶托来支承楼板模板［图2-94（a）］。

将门架倒置，用门架的立杆支承楼板底模，再在门架的立杆上固定一些小楞（小横杆）来支承梁底模板［图2-94（b）］。

c. 门架间距选定。门架的间距应根据荷载的大小确定，同时也须考虑交叉拉杆的规格尺寸，一般常用的间距有 1.2m、1.5m 和 1.8m。

当荷载较大或者模板支撑高度较高时，上述 1.2m 的间距还嫌太大时，可采用图2-95 所示的左右错开布置形式。

2）肋形楼（屋）盖模板支撑架（门架平行于梁轴线布置）。

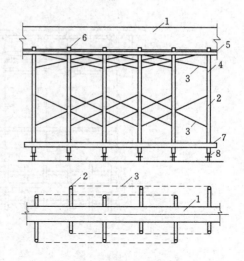

图2-95　门架左右错开布置
1—混凝土梁；2—门架；3—交叉支撑；4—调节架；
5—托架；6—小楞；7—扫地杆；8—可调节底座

a. 梁底模板支撑架。图2-96 所示托梁由门架立杆托着，而它又支承着小楞，小楞支承着梁底模板。

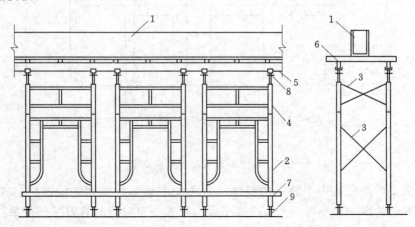

图2-96　模板支撑的布置形式
1—混凝土梁；2—门架；3—交叉支撑；4—调节架；5—托梁；6—小楞；
7—扫地杆；8—可调托座；9—可调底座

梁两侧的每对门架通过横向设置的交叉拉杆加固，它们的间距可根据所选定的交叉拉杆的长短确定。

纵向相邻两组门架之间的距离应考虑荷载因素经计算确定，但一般不超过门架宽度。

b. 梁、楼板底模板支撑架。支撑架如图2-97 所示。上面倒置的门架的主杆支承楼板底模，而在门架立杆上固定小楞，用它来支承梁底模板。

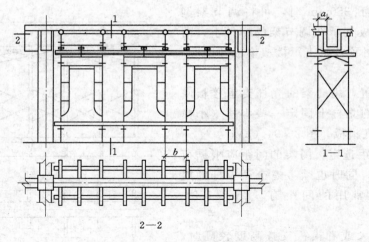

图 2-97　梁、楼板底模板支撑架形式

3）平面楼（屋）盖模板支撑架。平面楼屋盖的模板支撑架采用满堂支撑架形式，图 2-98 是支撑架中门架布置的一种情况。

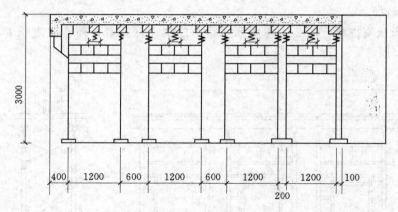

图 2-98　平面楼屋盖模板支撑

为使满堂支撑架形成一个稳定的整体，避免发生摇晃。支撑架的每层门架均应设置纵、横两个方向的水平拉结杆，并在门架平面内布置一定数量的剪刀撑。在垂直门架平面的方向上，两门架之间设置交叉支撑〔图 2-99（a）〕

4）密肋楼（屋）盖模板支撑架。在密肋楼屋盖中，梁的布置间距多样，由于门式钢管支撑架的荷载支撑点设置比较方便，其优势就更为显著。

图 2-100 是几种不同间距荷载支撑点的门式支撑架布置形式。

5）门式支撑架根部构造。为保证门式钢管支撑架根部的稳定性，地基要求平整夯实，衬垫木方，以防下沉，在门架立柱的纵横向必须设置扫地杆（图 2-101）。

2.7.3　模板支撑架拆除

模板支撑架必须在混凝土结构达到规定的强度后才能拆除。

表 2-31 是各类现浇构件其拆模时的强度必须达到的要求。

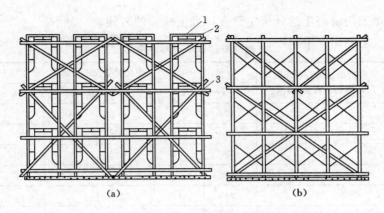

图 2-99 门式满堂支撑架搭设构造
1—门架；2—剪刀撑；3—水平加固杆

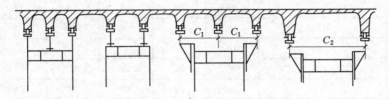

图 2-100 不同间距荷载支撑点门式支撑架

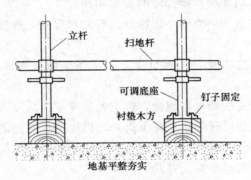

图 2-101 门式钢管支撑架底部构造

表 2-31   现浇结构拆模时所需混凝土强度

项次	结构类型	结构跨度/m	按达到设计混凝土强度标准值的百分率/%
1	板	≤2	35
		>2，≤3	75
2	梁、拱、壳	≤8	75
		>8	100
3	拱、壳	≤8	75
		>8	100
4	悬臂构件	≤2	75
		>2	100

表 2-32 是现浇混凝土达到规定强度标准值所需的时间。

表 2-32　　　　　　　　　　　拆除底模板的时间参考

水泥标号及品种	混凝土达到设计强度标准值的百分率/%	硬化时昼夜平均温度/℃					
		5	10	15	20	25	30
325 号普通水泥	50	12	8	6	4	3	2
	70	26	18	14	9	7	6
	100	55	45	35	28	21	18
425 号普通水泥	50	10	7	6	5	4	3
	70	20	14	11	8	7	6
	100	50	40	30	28	20	18
325 号矿渣或火山灰质水泥	50	18	12	10	8	7	6
	70	32	25	17	14	12	10
	100	60	30	40	28	24	20
425 号矿渣或火山灰质水泥	50	16	11	9	8	7	6
	70	30	20	15	13	12	10
	100	60	50	40	28	24	20

支撑架的拆除要求与相应脚手架拆除的要求相同。

支撑架的拆除，除应遵守相应脚手架拆除的有关规定外，根据支撑架的特点，还应注意以下几点：

（1）支撑架拆除前，应由单位工程负责人对支撑架做全面检查，确定可拆除时方可拆除。

（2）拆除支撑架前应先松动可调螺栓，拆下模板并运出后，才可拆除支撑架。

（3）支撑架拆除应从顶层开始逐层往下拆，先拆可调托撑、斜杆、横杆，后拆立杆。

（4）拆下的构配件应分类捆绑、吊放到地面，严禁从高空抛掷到地面。

（5）拆下的构配件应及时检查、维修、保养。

变形的应调整，油漆剥落的要除锈后重刷漆；对底座、调节杆、螺栓螺纹、螺孔等应清理污泥后涂黄油防锈。

（6）门架宜倒立或平放，平放时应相互对齐，剪刀撑、水平撑、栏杆等应绑扎成捆堆放。其他小配件应装入木箱内保管。

构配件应储存在干燥通风的库房内。如露天堆放，场地必须选择地面平坦、排水良好，堆放时下面要铺地板，堆垛上要加盖防雨布。

学习单元 2.8　烟囱、水塔、冷却塔脚手架

2.8.1　烟囱外脚手架

采用外脚手架施工，仅适用于 45m 以下，上口直径小于 2m 的中、小型烟囱。当烟囱

直径超过 2m，高度超过 45m 时，可采用井架提升平台施工。

2.8.2 烟囱外脚手架的基本形式

烟囱呈圆锥形，高度较高，其施工脚手架的形式应根据烟囱的体形、高度、搭设材料等确定。

1. 扣件式钢管烟囱脚手架

扣件式钢管烟囱外脚手架一般搭设成正方形或正六边形（图 2-102）。

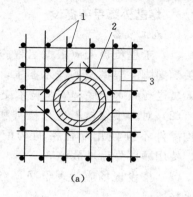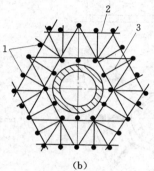

(a)　　　　　　　　　　　　(b)

图 2-102　扣件式烟囱外脚手架
1—立杆；2—大横杆；3—小横杆

2. 碗扣式钢管烟囱脚手架

碗扣式钢管烟囱脚手架一般搭设成正六边形或正八边形（图 2-103）。

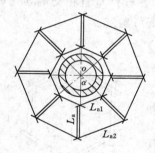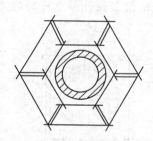

图 2-103　碗扣式烟囱脚手架

搭设碗扣式正六边形脚手架时，所需杆件的尺寸如表 2-33 所示。

表 2-33　　　　　　　　　　　　六边形脚手架的构造尺寸

序次	内径 r_1/mm	外径 r_2/mm	$L_b = r_2 - r_1$	L_{a1}/mm	L_{a2}/mm
1	900	1800	900	900	1800
2	900	2100	1200	1200	2100
3	1200	2100	900	1200	2100
4	1200	2400	1200	1200	2400
5	1500	2400	900	1500	2400

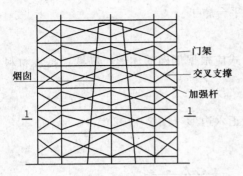

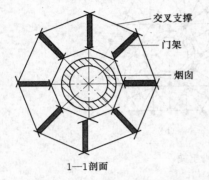

1—1剖面

图2-104 门式钢管烟囱脚手架

碗扣式钢管脚手架的杆件为定型产品，其尺寸为0.9m、1.2m、1.8m、2.1m和2.4m，目前无1.5m和2.1m两种型号，但可以最终生产。

3. 门式钢管烟囱脚手架

门式钢管烟囱脚手架一般搭设成正八边形形式（图2-104）。

2.8.3 烟囱外脚手架搭设

1. 施工准备

（1）工程负责人应根据工程施工组织设计中有关烟囱脚手架搭设的技术要求，逐级向施工作业人员进行技术交底和安全技术交底。

（2）对脚手架材料进行检查和验收，不合格的构配件不准使用，合格的构配件按品种、规格、使用顺序先后堆放整齐。

（3）搭设现场应清理干净，夯实基土，场地排水畅通。

1）正方形脚手架放线方法：取4根杆件，量出长度L，做好记号并画上中点，然后把这4根杆件在烟囱外围摆成正方形；4根杆的中点与烟囱中心线对齐，两对角线长度相等（图2-105）。杆件垂直相交的四角即为里立杆的位置。其他各里立杆的位置及外排立杆的位置随之都可确定。

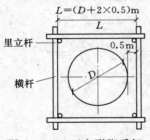

图2-105 正方形脚手架

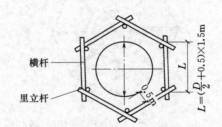

图2-106 正六边形脚手架

2）六边形脚手架放线方法：取6根杆件，量出长度L，做好记号并画上中点，然后将这6根杆件在烟囱外围摆成正六边形，6个角点即为6根里立杆的位置（图2-106）。接着即可确定其他各根里立杆和外排立杆的位置。

2. 铺设垫板、安放底座、树立杆

按脚手架放线的立杆位置，铺设垫板和安放底座。垫板应铺平稳，不能悬空，底座位置必须准确。

树立杆搭第一步架子需6～8人工作，互相配合，先树各转角处的立杆，后树中间各杆，同一排的立杆要对齐、对正。

里排立杆离烟囱外壁的最近距离为 40～50cm，外排立杆距烟囱外壁的距离不大于 2m，脚手架立杆纵向间距为 1.5m。

相邻两立杆的接头不得在同一步架、同一跨间内，扣件式钢管立杆应采用对接。

3. 安放大横杆、小横杆

立杆树立后应立即安装大横杆和小横杆。大横杆应设置在立杆内侧，其端头应伸出立杆 10cm 以上，以防滑脱，脚手架的步距为 1.2m。

大横杆的接长宜用对接扣件，也可用搭接。搭接长度不小于 1m，并用 3 个扣件。各接头应错开，相邻两接头的水平距离不小于 50cm。

相邻横杆的接头不得在同一步架或同一跨间内。

小横杆与大横杆应扣接牢，操作层上小横杆的间距不大于 1m。

小横杆端头与烟囱壁的距离控制在 10～15cm 内，不得顶住烟囱筒壁。

4. 绑扣剪刀撑、斜撑

脚手架每一外侧面应从底到顶设置剪刀撑，当脚手架每搭设 7 步架时，就应及时搭装剪刀撑、斜撑。

剪刀撑的一根杆与立杆扣紧另一根应与小横杆扣紧，这样可避免钢管扭弯。

剪刀撑、斜撑一般采用搭接，搭接长度不小于 50cm。

斜撑两端的扣件离立杆节点的距离不宜大于 20cm。

最下一道斜撑、剪刀撑要落地，它们与地面的夹角不大于 60°，最下一对剪刀撑及斜撑与立杆的连接点离地面距离应不大于 50cm。

5. 安缆风绳

15m 以内的烟囱脚手架应在各顶角处设一道缆风绳。

15～25m 的烟囱脚手架应在各顶角及中部各设置一道缆风绳。

25m 以上烟囱脚手架根据情况增置缆风绳。

最上一道缆风绳一定要用钢丝绳（直径不小于 9.5mm）。

6. 设置栏杆安全网、脚手板

脚手架操作层上应设置护身栏杆和挡脚板。

每 10 步架要满铺一层脚手架。

10 步以上的脚手架护身栏杆应设两道，并在栏杆上挂设安全网。

注意：

对扣件式钢管烟囱脚手架，必须控制好扣件的紧松程度，扣件螺栓扭力矩以达到 4～5kN·m 为宜，最大不得超过 6kN·m。

扣件螺栓拧得太紧或拧过头，脚手架承受荷载后，容易发生扣件崩裂或滑丝，发生安全事故。

扣件螺栓拧得太松，脚手架承受荷载后，容易发生扣件滑落，发生安全事故。

7. 水塔外脚手架

(1) 水塔外脚手架的基本形式。水塔的下部塔身为圆柱体，上部水箱突出塔身，施工时一般搭设落地脚手架，其平面一般采用六边形或四边形，且根据水塔的水箱直径大小及形状，搭设方式可采用上挑式或直通式（图 2-107）。

上挑式水塔外脚手架下部为双排脚手架［图2-107（a）］，上部向外挑出。

直通式水塔外脚手架下部为3排或多排［图2-107（b）］，上部为两排。

六边形脚手架平面如图2-106所示，每边里排立杆为3～4根，外挑立杆5～6根。

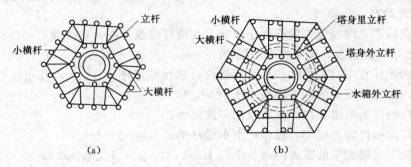

（a） （b）

图2-107 水塔外脚手架平面形状

（2）水塔外脚手架搭设。水塔外脚手架搭设的施工准备、搭设顺序、搭设要求与搭设烟囱外脚手架相同。仅需指出以下几点：

1）上挑式脚手架的上挑部分应按挑脚手架的要求搭设。

2）直通式脚手架，脚手架下部为3排或多排，搭至水箱部位时改为双排脚手架，其里排立杆应离水箱外40～50cm。

3）脚手架每边外侧必须设置剪刀撑，并且要求从底部到顶部连续布置。在脚手架转角处设置斜撑和抛撑。

8. 冷却塔外脚手架

（1）冷却搭外脚手架。冷却塔平面呈圆形，立面外形为双曲线形剖立面，如图2-108所示。施工时，在冷却塔内搭设满堂里脚手架。在冷却塔外搭设外脚手架。

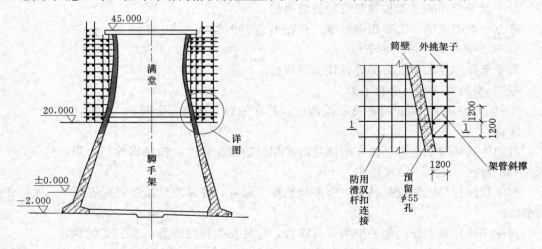

图2-108 冷却塔上部外挑脚手架

冷却塔外脚手架应分段搭设：下段脚手架可按烟囱外脚手架搭设脚手架，上段脚手架应搭设挑脚手架，其构造如图2-109所示。其立杆应随塔身的坡度搭设。

为增加外脚手架的稳定性，应在构造上采取两条措施：

1）内、外脚手架的拉结杆（相当于连墙杆）应按梅花形布置，其间距为6～8m。具体做法是在预定位置上预留φ55mm孔洞，穿入钢管并与里脚手架连接。

2）在脚手架作业层以上2m处，在塔身的环向，每隔10m增设一根水平杆与内脚手架连接，并随着作业层一道上翻（图2-108）。

（2）冷却塔外脚手架搭设。冷却塔外脚手架搭设与烟囱、水塔的外脚手架搭设相同。

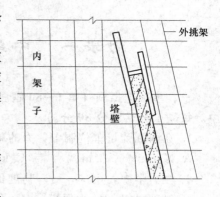

图2-109　水平拉结杆

2.8.4　烟囱、水塔及冷却塔外脚手架拆除

1. 拆除顺序

拆除构筑物外脚手架与拆除其他脚手架相同，都应遵循先搭设的后拆、后搭设的先拆，自上而下的原则。

一般拆除顺序为：拆除安全网至护身栏杆→挂脚板至脚手板→小横杆→顶端缆风绳→剪刀撑→大横杆→立杆→斜撑和抛撑。

2. 脚手架拆除

拆除构筑物脚手架必须按上述顺序，自上而下一步一步地依次进行，严禁用拉倒或推倒的方法。

注意事项如下：

（1）拆除缆风绳要格外小心，应由上而下拆到缆风绳处才能对称拆除，严禁随意乱拆。

（2）拆除后的各类配件应分段往下顺放，严禁随意抛掷。

（3）运至地面的各类构配件，应按要求及时检查、整修和保养，并按品种规格随时堆放，置于干燥通风处，防止锈蚀。

（4）脚手架拆除场地严禁非操作人员进入。

附录一 中级架子工理论考试试卷

一、单项选择题（第 1～80 题。选择一个正确的答案，将相应的字母填入题内的括号中。每题 1 分，满分 80 分。）

1. 在国际计量单位制中，力的单位是（　　）。

A. N　　　　　B. m　　　　　C. kg　　　　　D. t

2. 在力学中，用（　　）物理量作为度量力偶转动效应。

A. 力的大小　B. 力偶矩　　C. 作用效果　D. 力的作用点

3. 力是矢量，力的合成与分解都遵循（　　）。

A. 三角形法则　　　　　B. 圆形法则

C. 平行四边形法则　　　D. 多边形法则

4. 当力的大小等于零，或力的作用线通过矩心（力臂 $d=0$）时，力矩为（　　）。

A. 大于零　　　　　　　B. 等于零

C. 小于零　　　　　　　D. 不确定

5. 立杆是组成脚手架的主体构件，主要是承受（　　），同时也是受弯杆件，是脚手架结构的支柱。

A. 拉力　　　　B. 压力　　　　C. 剪力　　　　D. 扭矩

6. 在建筑工程施工图中，凡是主要的承重构件如墙、柱、梁的位置都要用（　　）来定位。

A. 粗线　　　　B. 细线　　　　C. 虚线　　　　D. 轴线

7. 《建筑制图标准》（GB 50001—2010）规定，尺寸单位除总平面图和标高以 m 为单位外，其余均用（　　）为单位。

A. dm　　　　B. cm　　　　C. mm　　　　D. μm

8. 搭设高度（　　）及以上落地式钢管脚手架工程需要专家论证。

A. 20m　　　B. 30m　　　C. 40m　　　D. 50m

9. 架体高度（　　）及以上悬挑式脚手架工程需要专家论证。

A. 20m　　　B. 30m　　　C. 40m　　　D. 50m

10. 混凝土模板支撑搭设高度（　　）及以上时需要专家论证。

A. 4m　　　　B. 6m　　　　C. 8m　　　　D. 10m

11. 混凝土模板支撑搭设跨度（　　）及以上，施工总荷载 15kN/m² 及以上或集中线荷载 20kN/m 及以上时需要专家论证。

A. 15m　　　B. 16m　　　C. 17m　　　D. 18m

12. 专项方案应当由施工单位技术部门组织本单位施工技术、安全、质量等部门的专业技术人员进行审核。经审核合格的，由（　　）签字。

A. 建设单位技术负责人

B. 施工单位技术负责人

C. 监理单位技术负责人

D. 建设局技术负责人

13. 无论采用何种材料，每张安全平网的重量一般不宜超过 15kg，并要能承受（　　　）的冲击力。

    A. 400N   B. 600N   C. 800N   D. 1000N

14. 安全平网应按水平方向架设。进行水平防护时必须采用平网，不得用立网代替平网。安全平网至少挂设（　　　）道。

    A. 2   B. 3   C. 4   D. 5

15. 安全平网挂设时不宜绷得过紧，与下方物体表面的最小距离应不小于（　　　）。

    A. 3   B. 4   C. 5   D. 6

16. 挡脚板高度不应小于（　　　）mm。

    A. 120   B. 150   C. 180   D. 200

17. 首次取得证书的人员实习操作不得少于（　　　）个月；否则，不得独立上岗作业。

    A. 2   B. 3   C. 4   D. 5

18. 焊接底座一般用厚度不小于（　　　）mm，边长为 150～200mm 的钢板，上焊高度不小于 150mm 的钢管。

    A. 3   B. 5   C. 6   D. 8

19. 焊接底座用边长 150～200mm 的钢板，上焊高度不小于（　　　）mm 的钢管。

    A. 120   B. 130   C. 150   D. 180

20. 木垫板宽度不小于 200mm，厚度不小于 50mm，平行于建筑物铺设时垫板长度应不少于（　　　）跨。

    A. 1   B. 2   C. 3   D. 4

21. 用于立杆、纵向水平杆和剪刀撑的钢管长度以（　　　）m 为宜。

    A. 2.2   B. 2.2～4.5   C. 3.5～7   D. 4～6.5

22. 脚手架底座底面标高宜高于自然地坪（　　　）mm。

    A. 50   B. 70   C. 80   D. 100

23. 钢管扣件脚手架立杆应均匀设置，通常其纵向间距不大于（　　　）m，并应符合设计要求。

    A. 1   B. 2   C. 3   D. 4

24. 两根相邻立杆的接头不应设置在同步内，同步内隔一根立杆的两个相隔接头在高度方向错开的距离不宜小于（　　　）mm。

    A. 200   B. 300   C. 500   D. 800

25. 纵向水平杆步距，底层不得大于 2m，其他不宜大于（　　　）m。

    A. 1.5   B. 1.6   C. 1.7   D. 1.8

26. 主节点处两个直角扣件的中心距不应大于（　　　）mm。

    A. 180   B. 150   C. 120   D. 100

27. 纵向扫地杆应采用直角扣件固定在距底座上皮不大于（　　　）mm 处的立杆上。

A. 120   B. 150   C. 180   D. 200

28. 每道剪刀撑宽度不应小于（　　）跨，且不应小于（　　）m，斜杆与地面的倾角宜在 45°～60° 之间，各底层斜杆下端均应支承在垫块或垫板上。

A. 2，3   B. 3，5   C. 4，6   D. 5，7

29. 连墙件宜靠近主节点设置，偏离主节点的距离不应大于（　　）mm。

A. 100   B. 300   C. 500   D. 700

30. 脚手架一次搭设的高度不应超过相邻连墙件以上（　　）步。

A. 1   B. 2   C. 3   D. 4

31. 钢管扣件脚手架搭设高（　　）步以上时随施工进度，逐步加设剪刀撑。

A. 7   B. 8   C. 9   D. 10

32. 悬挑式脚手架一般是多层悬挑，将全高的脚手架分成若干段，利用悬挑梁或悬挑架作脚手架基础分段搭设，每段搭设高度不宜超过（　　）m。

A. 15   B. 18   C. 20   D. 24

33. 悬挑式脚手架悬挑梁应采用（　　）号以上型钢，悬挑梁尾端应在两处以上使用 ϕ16mm 以上圆钢锚固在钢筋混凝土楼板上，楼板厚度不低于 120mm。

A. 10   B. 12   C. 14   D. 16

34. 悬挑式脚手架悬挑梁悬出部分不宜超过（　　）m，放置在楼板上的型钢长度应为悬挑部分的（　　）倍。

A. 2，1.7   B. 2.2，1.8   C. 2.3，1.9   D. 2.5，2.0

35. 调节门架其主要用于调节门架的（　　）。

A. 竖向高度   B. 宽度   C. 倾斜程度   D. 变形程度

36. 底座抗压强度应不小于（　　）kN。

A. 60   B. 75   C. 40   D. 80

37. 门式钢管脚手架的外观质量，钢管应平直，平直度允许偏差为管长的（　　）。

A. 1/50   B. 1/500   C. 1/400   D. 1/40

38. 上下榀门架立杆应在同一轴线位置上，轴线偏差不应大于（　　）mm。

A. 1   B. 2   C. 3   D. 4

39. 脚手架顶端宜高出女儿墙上皮（　　）m，高出檐口上皮（　　）m。

A. 0.5，2.0   B. 1，1   C. 2，1.5   D. 1，1.5

40. 冲压钢板脚手板的厚度不应小于（　　）mm。

A. 1   B. 1.2   C. 1.5   D. 2

41. 扣件螺栓拧紧扭力矩宜为 50～60N·m，不得小于（　　）N·m。

A. 40   B. 50   C. 55   D. 60

42. 门式脚手架的整体垂直度允许偏差在脚手架高度的 1/600 内，且不超过（　　）mm。

A. ±30   B. ±40   C. ±50   D. ±60

43. （　　）是碗扣钢筋脚手架的核心部件。

A. 立杆   B. 横杆   C. 碗扣接头   D. 定位销

44. 可调底座底板的钢板厚度不得小于（　　）mm，可调托撑钢板厚度不得小于（　　）mm。

　　A. 5，6　　　　　B. 7，8　　　　　C. 6，5　　　　　D. 8，7

45. 碗扣式脚手架的底座抗压强度（　　）。

　　A. ≥40kN　　　　B. ≥60kN　　　　C. ≤80kN　　　　D. ≥100kN

46. 碗扣式脚手架的杆件采用Q235A钢制品，其规格为（　　）。

　　A. φ10mm　　　B. φ48×3.5mm　C. φ24×3.5mm　D. φ24×4.5mm

47. 碗扣式脚手架的立杆连接销是立杆竖向接长连接的专用销子，其直径为（　　）mm，其理论质量为0.18kg。

　　A. 10　　　　　B. 8　　　　　　C. 6　　　　　　D. 12

48. 碗扣式脚手架内立杆与建筑物距离应不大于（　　）mm。

　　A. 120　　　　　B. 150　　　　　C. 180　　　　　D. 200

49. 当碗扣式脚手架高度大于24m时，每隔（　　）跨应设置一组竖向通高斜杆。

　　A. 1　　　　　　B. 2　　　　　　C. 3　　　　　　D. 4

50. 碗扣式脚手架应随建筑物升高而随时设置，并应高于作业面（　　）。

　　A. 1m　　　　　B. 1.5m　　　　　C. 2m　　　　　D. 2.5m

51. 碗扣式脚手架搭设组装顺序正确的是（　　）。

　　A. 立杆底座→立杆→横杆→接头锁紧→斜杆→连墙体→上层链接销→横杆

　　B. 立杆底座→立杆→斜杆→横杆→连墙体→上层链接销→接头锁紧→横杆

　　C. 立杆底座→立杆→横杆→连墙体→斜杆→接头锁紧→横杆→上层链接销

　　D. 立杆底座→立杆→横杆→斜杆→连墙件→接头锁紧→上层立杆→立杆连接销→横杆

52. 当碗扣式脚手架搭设长度为 L 时，底层水平框架的纵向直线应（　　）；横杆间水平度应（　　）。

　　A. ≤$L/200$，≤$L/400$　　　　　B. ≤$L/400$，≤$L/1200$

　　C. ≤$L/200$，≤$L/300$　　　　　D. ≤$L/300$，≤$L/200$

53. 模板工程是（　　）施工的重要组成部分。

　　A. 混凝土结构　　　　　　　　B. 框架和框剪结构

　　C. 板墙结构　　　　　　　　　D. 框筒结构

54. 模板支架立柱间距通常为（　　）。

　　A. 0.4～0.8　　　B. 0.8～1.2　　　C. 1.0～1.4　　　D. 0.5～0.8

55. 主楞直接将力传递给立柱结构，力的传递路径为（　　）。

　　A. 混凝土、钢筋、施工荷载等荷载传递给模板面层板→次楞—→主楞→顶托→立柱→底座→垫板→基础

　　B. 混凝土、钢筋、施工荷载等荷载传递给模板面层板→次楞→横杆→扣件→立柱→底座→垫板→基础

　　C. 混凝土、钢筋、施工荷载等荷载传递给模板面层板→主楞→顶托→立柱→垫板→底座→基础

　　D. 混凝土、钢筋、施工荷载等荷载传递给模板面层板→主楞→顶托→立柱→扣件→

底座→垫板→基础

56. 门式架的主立柱采用（   ）薄壁钢管。

A. φ32.8×2.2mm   B. φ27.2×1.9mm

C. φ42.7×2.4mm   D. φ36.2×2.6mm

57. 当建筑层高度小于 8m 时，在模板支架外侧周圈应设由下至上的竖向（   ）。

A. 连续式剪刀撑   B. 可调托撑   C. 三字斜撑   D. 剪刀撑

58. （   ）的作用是直接支撑楞式托撑的受压杆件。

A. 可调托撑   B. 底座   C. 垫板   D. 立杆

59. 桁架梁的高度宜为桁架跨越的（   ）。

A. 1/4～1/6   B. 1/2～1/4   C. 1/3～1/5   D. 1/6～1/8

60. 模板支架系统的受力主要分为（   ）形式。

A. 1 种   B. 2 种   C. 3 种   D. 4 种

61. 木立柱宜选用木料，当长度不足选用方木时，（   ）。

A. 接头不宜超过 1 个，并用对接夹板接头方式

B. 接头不宜超过 2 个，并采用扣件于立柱扣牢方式

C. 接头不宜超过 3 个，并采用对接夹板接头方式

D. 接头不宜超过 4 个，并采用扣件与立柱扣牢

62. 脚手架或操作平台上临时堆放的模板不宜超过（   ）。

A. 1 层   B. 2 层   C. 3 层   D. 4 层

63. 脚手架必须配合施工进度搭设，一次搭设高度不应超过相邻连墙件以上（   ）。

A. 1 步   B. 2 步   C. 3 步   D. 4 步

64. 单排扣件式钢管脚手架用于砌筑工程搭设中，操作层小横杆间距应不大于（   ）mm。

A. 600   B. 1000   C. 1500   D. 1200

65. 脚手板搭接铺设时，接头必须支在横向水平杆上，搭接长度和伸出横向水平杆的长度应分别为（   ）。

A. 大于 200mm 和不小于 100mm   B. 大于 80mm 和不小于 50mm

C. 大于 40mm 和不小于 200mm   D. 大于 10mm 和不小于 50mm

66. 连墙件必须（   ）。

A. 采用可承受压力的构造   B. 采用可承受拉力的构造

C. 采用可承受压力和拉力的构造   D. 采用仅有拉筋或仅有顶撑的构造

67. 人行斜道的宽度和坡度的规定是（   ）。

A. 不宜小于 1m 和宜采用 1：8   B. 不宜小于 0.8m 和宜采用 1：6

C. 不宜小于 1m 和宜采用 1：3   D. 不宜小于 1.5m 和宜采用 1：7

68. 单排脚手架（   ）。

A. 应设剪刀撑   B. 应设横向斜撑

C. 应设剪刀撑和横向斜撑   D. 可以不设任何斜撑

69. 脚手架底层步距不应（   ）。

A. 大于 2m   B. 大于 3m   C. 大于 3m   D. 大于 4.5m

70. 双排脚手架应设置（   ）。

A. 剪刀撑与横向斜撑   B. 剪刀撑

C. 横向斜撑   D. 可不设剪刀撑和横向斜撑

71. 剪刀撑设置宽度（   ）。

A. 不应小于 4 跨，且不应小于 6m

B. 不应小于 3 跨，且不应小于 4.5m

C. 不应小于 3 跨，且不应小于 5m

D. 不应大于 4 跨，且不应大于 6m

72. 高度在 24m 以上的双排脚手架连墙件构造规定为（   ）。

A. 可以采用拉筋和顶撑配合的连墙件

B. 可以采用仅有拉筋的柔性连墙件

C. 可以采用顶撑顶在建筑物上的连墙件

D. 可以采用刚性连墙件与建筑物可靠连接

73. 高处作业分为（   ）级。

A. 一级   B. 二级   C. 三级   D. 四级

74. 凡经医生诊断患有（   ）以及其他不宜从事高处作业病症的人员，不得从事高处作业。

A. 高血压   B. 心脏病   C. 严重贫血   D. 全有

75. （   ）对提高其稳定承载能力和避免出现倾倒或重大坍塌等重大事故具有很大作用。

A. 大横杆   B. 小横杆   C. 连墙杆   D. 十子撑

76. 当架设高度超过 24m 时，应采用（   ）。

A. 柔性连接   B. 刚性连接   C. 随便，只要强度足够即可

77. 脚手架的外侧应按规定设置密目安全网，安全网设置在外排立杆的（   ）。

A. 里侧   B. 外侧   C. 都可以

78. 挂脚手板必须使用（   ）mm 的木板，不得使用竹脚手板。

A. 200   B. 300   C. 400   D. 500

79. 建筑脚手架使用的金属材料大致分为（   ）。

A. 1 级钢   B. 铸钢   C. 高强钢   D. 全有

80. 高度在（   ）m 以上的双排脚手架应在外侧立面整个长度和高度上连续设置剪刀撑。

A. 21m   B. 22m   C. 23m   D. 24m

二、简答题（每题 5 分，共 20 分）

1. 脚手架按照其构造形式分为几类？

2. 扣件式钢管脚手架的搭设顺序是什么?

3. 扣件式钢管脚手架的拆除顺序是什么?

4. 构配件外观质量要求是什么?

中级架子工理论考试试卷答案

一、单项选择题（第1～80题。选择一个正确的答案，将相应的字母填入题内的括号中。每题1分，满分80分）

1～5 ABCBB　6～10 DCDAC　11～15 DBCBA　16～20 BBDCB
21～25 DABCD　26～30 BDCBB　31～35 BCDAA　36～40 CBBDB
41～45 ACCCA　46～50 CADAB　51～55 DBABA　56～60 CADAB
61～65 ACBBA　66～70 CCAAA　71～75 ACDDC　76～80 BADDD

二、简答题（每题5分，共20分）

1. 脚手架按照其构造形式分为几类？

答案：（1）多坐柱式足手架。（2）门式脚手架。（3）悬挑式脚手架。（4）吊脚手架。（5）爬降脚手架。

2. 扣件式钢管脚手架的搭设顺序是什么？

答案：摆放扫地大横杆→逐根树立立杆（随即与扫地大横杆扣紧）→装扫地小横杆（随即与立杆或扫地大横杆扣紧）→安第一步大横杆（随即与各立杆扣紧）→安第一步小横杆→安装第二步大横杆→安装第二步小横杆→加设临时斜撑杆（上端与第二步大横杆扣紧，在装设两道连墙杆后可拆除）→第三、四步大横杆和小横杆→连墙杆→接立杆→加设剪刀撑→铺脚手板。

3. 扣件式钢管脚手架的拆除顺序是什么？

答案：（1）拆除顺序遵循由上而下、先搭后拆的原则，即先拆栏杆、脚手板、剪刀撑，后拆小横杆、大横杆、立杆等，并按一步一清的原则进行，严禁上下同时进行拆除作业。

（2）拆立杆时，应先抱住立杆再拆开最后两个扣，拆除大横杆、斜撑、剪刀撑时，应先拆中间扣，然后托住中间，再解端头扣。

（3）连墙件应随拆除进度逐层拆除，严禁先将连墙件整层或数层拆除后再拆脚手架，分段拆除高差不应大于2步，如高差大于2步，应增设连墙件加固。

4. 构配件外观质量要求是什么？

答案：（1）钢管应无裂纹、凹陷、锈蚀，不得采用接长钢管。

（2）铸造件表面应光整，不得有砂眼、缩孔、裂纹、浇冒口残余等缺陷，表面粘砂应清除干净。

（3）冲压件不得有毛刺、裂纹、氧化皮等缺陷。

（4）各焊缝应饱满，焊药清除干净，不得有未焊透、夹砂、咬肉、裂纹等缺陷。

（5）构配件防锈漆涂层均匀、牢固。

附录二 附着式升降脚手架案例

第1章 编制依据

1.1 国家及部委法律和法规

序号	法律、法规、规范性文件名称	文件号	实施日期（年-月-日）
1	《中华人民共和国建筑法》		1998-3-1
2	《中华人民共和国安全生产法》		2002-11-1
3	《建设工程安全生产管理条例》		2004-2-1
4	《建筑施工安全检查标准》	JGJ 59—99	
5	《建筑施工附着升降脚手架管理暂行规定》	建建〔2000〕230号	2000-10-16
6	《危险性较大工程安全专项施工方案编制及专家论证审查办法》	建质〔2004〕213号	2004-12-1
7	《建筑机械使用安全技术规程》	JGJ 33—2001	2001-11-1
8	《建筑施工高处作业安全技术规范》	JGJ 80—91	1992-8-1
9	《建筑施工扣件式钢管脚手架安全技术规范》	JGJ 13—2001	2001-6-1
10	《建筑施工现场环境与卫生标准》	JGJ 146—2004	2005-3-1
11	《企业职工伤亡事故分类》	GB 6441—86	1987-2-1
12	《起重机械超载保护装置安全技术规范》	GB 12602—90	1991-12-1
13	《施工现场临时用电安全技术规范》	JGJ 46—2005	2005-7-1
14	《高空作业机械安全规则》	JGJ 5099—1998	1998-12-1
15	《高处作业分级》	GB/T 3608—1993	

1.2 北京市规章

序号	法律、法规、规范性文件名称	文件号	实施日期（年-月-日）
1	《北京市安全生产条例》		2004-9-1
2	《北京市实施工伤保险条例办法》		2004-1-1
3	《北京市建设工程施工现场管理办法》		2001-5-1
4	《北京市建筑施工起重机械设备管理的若干规定》	京建施〔2007〕71号	2007-4-1
5	《北京市建设工程施工现场安全防护、场容卫生、环境保护及保卫消防标准》	DBJ 01—83—2003	2003-1-14
6	《北京市建设工程施工现场作业人员安全知识手册》	京建施〔2007〕8号	2007-1-9
7	《北京市建筑工程施工安全操作规程》	DBJ 01—62—2002	2002-9-1
8	《建设工程安全监理规程》	DB 11/382—2006	2006-11-1
9	《建设工程施工现场安全资料管理规程》	DB 11/383—2006	2006-11-1

1.3 工程相关依据

序号	法律、法规、规范性文件名称	文件号	实施日期 （年－月－日）
1	《北京京皖世纪大酒店施工图》		
2	《北京京皖世纪大酒店施工组织设计》		

第 2 章 工 程 概 况

北京京皖世纪大酒店，设计单位为中国建筑科学研究院，中建一局二公司承建施工，地上 25 层，首层 5.5m，2 层 5m，3 层 5.04m，设备层 2.15m，5 层以上为标准层，标准层高 3.3m。

本工程外围护脚手架拟采用附着式升降脚手架，组装时第 1～9 榀、25～38 榀主框架从首层楼板标高上 2m 位置开始组装，第 10～24 榀主框架从 4 层楼板标高上 0.5m 位置开始组装。第 9 榀和第 25 榀位置架体组装时从 G 轴外侧 1.7m 位置处开始排 B 片，并且保证搭设的附着升降脚手架架体与相邻双排落地架架体至少有 250mm 的净空距离，防止架体提升时与双排落地架剐蹭。

第 3 章 附着式升降脚手架简介

3.1 导座式升降脚手架简介

导座式升降脚手架是一种新型的附着式升降脚手架，与传统的全高落地式双排脚手架及其他形式的升降脚手架相比，具有显著的优点。

1. 与传统的落地式双排脚手架比较

(1) 一次性投入的材料大大减少，提高周转材料的利用率。

(2) 操作简单迅捷，劳动力投入少，劳动强度低。

(3) 使用过程中不占用塔吊，加快施工进度。

(4) 降低了工程成本。

2. 与其他形式的升降脚手架比较

(1) 操作极为简便，误操作可能性小，容易管理。

(2) 在使用中，每一主框架处均有 4 个独立的附着点，其中任何一点失效，架子不会坠落或倾翻，升降过程中不少于 3 个独立的附着点。

(3) 升降指令遥控操作，可实现架体不上人升降，最大限度地保证了人员安全。

(4) 防坠装置多重设置，多重防护，且灵活、直观、可靠。

(5) 承传力结构简捷、明晰、可靠。

(6) 具有无级调整预留孔主体结构误差的功能，适应性好。

(7) 架体侧向受力好，不会发生连锁反应。

3.2 架体构成

导座式升降脚手架系统由六部分构成：架体主结构、升降系统、防坠系统、架体、电气控制系统、架体防护。

(1) 架体主结构。由导轨主框架、水平支承桁架构成。导轨主框架为整体式结构，现场施工时直接安装不需另行组装。

（2）升降系统。由连接螺栓、上吊点、电动葫芦、下吊点构成。

（3）防坠系统。每个附墙点均设有独立的摆针式防坠系统，防坠系统采用不坠落理念设计，每榀主框架有4个独立附墙点，即有4套防坠装置，大大增加安全性。

（4）架体。使用建筑工程通用φ48mm钢管搭设的外双排脚手架，架体内外排间距为900mm，距墙间距一般为400mm。

（5）电气控制系统。由总控箱、分控箱、遥控系统构成。

本升降脚手架的升降采用电动葫芦升降，并配设专用电气控制线路。该控制系统设有漏电保护、错断相保护、失载保护、正反转、单独升降、整体升降和接地保护等装置，且有指示灯指示。线路绕建筑物一周布设在架体内。

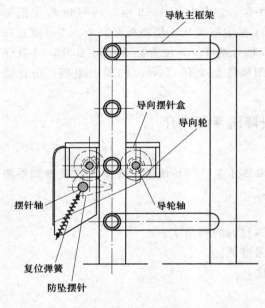

附图3-1　机械自动卡阻式防坠器

（6）架体防护。随架体搭设同步完成的安全防护措施，包括有底部密封板、翻板、立网、水平兜网、护身栏杆等。

3.3　防坠装置简介

（1）本装置是一种用于升降脚手架、升降机等高空坠落的摆针式防坠装置。目前，施工用升降脚手架、升降机等设备，在使用或升降运行过程中，有的无防坠安全装置，有的安全装置容易失效或成本较大，一旦发生意外，很容易造成高空坠落而发生重大人员和设备事故。

（2）摆针式防坠装置是一种适用于格构轨道或具有类似结构的升降脚手架升降机等高空坠落的以速度变化为信号，机械自动卡阻式防坠器，其大样如附图3-1所示。

（3）本装置构造特征。摆针通过摆针轴与固定在导座上的轴座相连接，复位弹簧的两端分别连接在摆针与轴座上，导向座与由连接杆和竖向立杆构成的导轨之间为滑套连接。

（4）本装置的工作原理。当导向座固定，导轨件在导向座的约束下向下慢速运动时，运动中的导轨件的连接杆进入导向座中，并与摆针的底部接触推挤后，摆针将发生顺时针方向转动，当连接杆向下运动越过摆针的底部后，摆针在复位弹簧的弹力作用下瞬间内弹回复位，即摆针又将发生逆时针方向转动，摆针将恢复到原来摆动前的初始状态，完成一次摆动，紧接着另一个连接杆又进入导向座中，重复以上过程，连接杆将不断慢速向下通过导向座，重复以上过程，多个连接杆将下降；同理，导轨件同样可向上运动而不断顺利通过导座；当导轨件快速向下运动或坠落时，与慢速下降不同的是慢速下降时当摆针完成一次上下摆动恢复到初始状态后，紧接着另一个连接杆才又进入摆针摆动的范围内，而当导轨件快速下降或坠落时，摆针还未完成一次左右摆动恢复状态前，此时另一个连接杆已进入摆针摆动的范围内,使摆针无法弹回,摆针的上端在连接杆推压下顺时针方向转动一定角度后,最终将阻挡住连接杆向下通过,即导轨被卡住,起到了防下坠的目的。

(5)本装置结构简单、巧妙、成本较低,便于操作,直观,随时可以检查,维修也极为方便,当发生如摆针摆动不灵活或弹簧失效等问题时,本装置不失去安全防护功能、安全可靠性好。

3.4 架体工艺参数

架体主要工艺参数如下表:

附表 3-1　　　　　　　　　　　　架体主要工艺参数

序号	项目		内容
1	提升控制方式		采用电动提升,遥控控制,同步升降
2	架体总高		架体总高 18m
3	架体宽度		900mm(内外排立杆中心距)
4	架体杆距		立杆间距 1.8m,水平杆步距 1.9m
5	架体离墙间距		一般为 400mm,做架体内挑后为 150mm
6	剪刀撑		剪刀撑间距为 5.4m,与水平面角度约为 60°
7	主框架长度		14m
8	导向座数量		使用过程中每榀主框架上保证不少于 4 个,提升过程中不少于 3 个
9	电动葫芦		7.5t,一次行程距离为 8m,吊钩速度为 14cm/min,功率为 500W
10	与结构连接	导向座	一根 ϕ27mm 螺杆,两端各一垫双螺母
		吊挂件	一根 ϕ30mm 螺杆,外侧螺母焊牢,内侧一垫双螺母

第4章　施　工　部　署

4.1 安全管理目标

附着式升降脚手架的主要功能是为建筑工程主体及装修施工提供结构外安全防护,施工安全是第一位的。使用本系统的安全目标如下:

(1)架体不发生坠落、倾覆事故。

(2)不发生因架体安全防护不到位而引发的重伤事故。

(3)轻伤事故频率不超过 1‰。

4.2 项目管理组织机构

为了保证升降架的使用安全,切实保证施工要求和进度要求,树立公司形象,我公司将在本项目配置施工经验丰富的现场技术指导人员。

现场技术服务组织管理机构框图如附图 4-1 所示。

4.3 职责划分

1. 总承包方工作

(1)提供准确的升降架设计所需的有关图纸、资料。

(2)负责审定施工方案并按审定后的施工方案施工。

(3)在设备供应商技术人员指导并认可的前提下,自行组织操作人员完成升降架安装

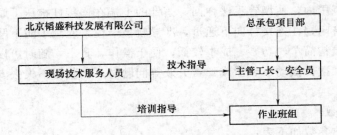

附图 4-1 现场技术服务组织管理机构框图

搭设、预留孔预留、升降、拆除，包括架体电气控制系统的安装和拆除。

（4）按既定升降架施工方案和安全技术操作规程进行升降架升降施工，接受设备供应商技术指导人员的技术及安全施工指导。

（5）对于设备供应商技术人员日常检查指出的安全问题和隐患，立即组织人员进行整改，保证架体的安全使用。

（6）负责升降架日常保养，需润滑的物件应经常上油，以防损坏和锈蚀。

2. 设备供应商工作

（1）升降架设计合理，架体及配件牢固可靠，外观整洁，服务周到，负责现场技术指导。

（2）对提供物品的加工质量负责。

（3）对升降架按现行标准进行施工组织设计，并报总承包方审批，进行技术指导和服务。

（4）负责无偿对总承包方升降架操作人员进行安装、升降等技术培训和安全操作指导。

（5）派驻专人对总承包方进行技术指导，指导架体的安装搭设、升降、保养和拆除，负责指导处理升降架所发生的异常问题。

（6）对日常检查出的安全问题和隐患，督促总承包方立即整改。

（7）协助总承包方在升降架使用过程中的升降架安全管理工作。

4.4 升降架布置

1. 平面布置原则

架体布置时需考虑以下几点：

（1）架体任意两点间布置距离满足以下要求：

1）按架体全高与支承跨度的乘积不应大于 $110m^2$ 的要求，直线布置的架体支承跨度不应大于 6.1m；折线或曲线布置的架体支承跨度不应大于 5.4m（指两榀相邻主框架沿架体中心线水平投影距离）。

2）架体分组端部水平悬挑长度不得大于 1/2 水平支承跨度和 3m。

（2）架体外皮宜尽量布置成大平面，避免出现多处拐角，以方便剪刀撑搭设，增强架体整体性。

（3）主框架布点应尽量避开飘窗板、空调板、框架柱等部位，如架体需下降用于装修施工，还必须避开烟风道位置。

（4）按照总承包方塔吊布设位置及塔吊附臂水平及垂直位置，若附臂安装时穿过架体内部，则主框架布点需错开附臂位置。

（5）如装修使用本架体，则需考虑施工电梯位置的留设，电梯位置处架体在装修阶段拆除后，两侧端部悬挑需满足要求。

2. 平面布置

本工程外围周长（架体内皮）为195m，共布置4组38榀主框架，导轨平均间距5.13m，最大间距6.1m，出现在13与14号点、19与20号点间。

3. 架体分组

为配合建筑的流水施工，升降架按流水段分布将架体进行合理分组，保证分组与流水段对应，以不出现"同组不同流水段"的情况为原则，分组缝与流水段分段相适应，分组缝可适当由先施工流水段向后施工段跨过流水分段处，以利于施工防护。同时架体分组时兼顾工作量均衡，即分组后各组间架体榀数基本均等，避免出现榀数过多和过少现象。

本工程共分为3个流水段，根据流水段位置架体共分为4组，其中1段、3段各分为1组，2段分为两组，分组具体位置见平面布置图。

架体分组处，分组缝两侧立杆间净距以250mm为宜，间距不宜过大和过小，大横杆在分组处搭设时全部齐头断开，外侧剪刀撑亦在此处断开，为使搭设的架体美观，在分组缝两侧的剪刀撑可搭设在一条直线上，观感上形成整体。分组缝一侧的外密目网可延伸到另一侧，提升前解开，提升到位后，恢复绑好，并在分组缝处用1m短管将分组缝两侧的立杆连接起来，增强整体性。

在铺设操作面的各步上，分组缝处设组间翻板，提升前将翻板翻起，升降到位后将翻板恢复。

4. 立面布置

（1）我公司生产的定型主框架按步距1.9m设计，其总高为7步（14m长），搭设完成后的架体覆盖5层，搭设9步架，顶部为满足防护高度另加0.9m防护栏杆，架体全高18m，架体宽度均为0.90m（内、外排立杆中心距）。

（2）剪刀撑与每根立杆均必须用扣件扣牢，相邻剪刀撑间距为3根立杆间距，即5.4m，剪刀撑与水平夹角应在45°～60°。外排剪刀撑搭设至顶。

4.5 升降架作业计划及资源投入

1. 升降架组装进度计划

升降架体要获得很好的使用性和安全性，必须保证架体与结构间的连接达到合理适用，一般在标准层以下建筑结构与标准层相比有一定变化，因此架体从标准层开始组装，组装时架体即可作为外防护架使用。按主体进度要求同步施工。要保证超过主体作业面至少1.5m。

2. 升降计划

架子的升降以满足土建的施工进度要求为准，通常情况下每升降一层的操作时间为1～2个工作日。

3. 人员准备

视楼栋架体布点数量多少，一般组装时每栋楼投入劳动力15～20人，以后每升降一层的操作时间为 1~2 个工作日，劳动力投入 4~6 人。

4．施工机具配备

（1）我公司主要提供构成升降架系统中的机具、材料见附表 4-1。

附表 4-1　　　　我公司提供的构成升降架系统中的机具、材料

序号	名称	型号规格	备注
1	主框架	14m	
2	导向座		
3	水平桁架	A 片	
4	水平桁架	B 片	
5	双管吊点		
6	吊挂件		
7	加长吊挂件		必要时使用
8	槽钢吊挂件		必要时使用
9	加高件		必要时使用
10	槽钢挑型架		必要时使用
11	垫块		必要时使用
12	螺杆		
13	螺母		
14	垫片		
15	电动葫芦	7.5t	
16	专用总电控箱		
17	插座箱		

（2）需总承包方自备的材料见附表 4-2。

附表 4-2　　　　　　　　需总承包方自备的材料

序号	名称	型号规格	备　　注
1	架子管	$\phi 48 \times 3.5$	
2	扣件		
3	脚手板		
4	胶合板		
5	木方	50mm×100mm	
6	密目安全网	1.8m	
7	大眼网		
8	钢丝绳	$\phi 12.5$	
9	电缆	$6mm^2$	

4.6 同步升降

升降架升降时能否同步是保证升降架使用效果的重要部分，为保证架体的同步升降，

需采取以下方法：

（1）升降动力装置采取升降速度偏差较小的装置——环链电动葫芦，电动葫芦的传力部分为链条形式，传力清晰明确，不会出现运行过程中打滑等现象，且电动葫芦的一次行程较长，本工程采取一次提升行程 8m 的环链电动葫芦，杜绝短行程升降装置的往复运动，减少误差。

（2）采取遥控信号自动控制电动葫芦同时启动和关闭，确保每台葫芦的行程距离相等。

（3）架体布置时，各榀主框架尽量调整其负载范围均衡，避免各榀间重量变化过大，负载不均。

（4）各榀的下吊点均设置荷载探测装置，实时监控各点的负载变化情况，出现异常时，在最短时间内自动切断电源并报警指示，保障各点同步运行。

第 5 章　附着式升降架施工工艺

5.1　升降架的组装

1. 组装程序

当主体施工到标准层后，开始组装架体，架体组装工艺流程如附图 5-1 所示。

2. 搭设找平架

施工至标准层后，准备搭设用于支承附着式升降脚手架的找平架，找平架在原临时双排外脚手架上搭设即可，需要注意的是，升降架内外排距结构外皮距离分别为 400mm 和 1300mm，临时双排脚手架内外排立杆须错开此位置，如附图 5-2 所示。

第 1～9 榀、第 25～38 榀主框架位置找平架上皮搭设在首层结构楼板标高上 2m 位置，第 10～24 榀主框架找平架上皮搭设在 4 层楼板标高上 0.5m 位置。找平架要统一抄平，结构转角部位也要高度一致。

3. 组装水平支承桁架

搭设完找平架后，即开始组装水平支承桁架（因其主要由 A 型桁架和 B 型桁架组成，因此俗称 AB 片），支承桁架与拟建结构之间的距离严格按设计要求控制好，并及时与主体施工人员取得联系，协商好标准层主体模板工程的支模空间，控制在设计要求范围内。

组装时应按主体施工的先后需要，尽量做到同时从两处以上的拐角开始组装。水平支承桁架一般由标准节连接而成，在折转处、分组处等水平支承桁架布设困难时，可用钢管搭接。

在找平架上找好距离后，从两端拉线，在每根找平架短管上划出 AB 片位置，组装一般从角部开始，先安装 B 片，再逐个安装 A 片，并临时固定。组装 A 片时，要使成型后 A 片中间的斜肋杆连续成之字形，如附图 5-3 所示。

内、外侧支承桁架连接到一定长度后，组装小横杆连接内、外支承桁架。小横杆伸出架体外侧 10cm。

对于转角部位不符合水平桁架模数（1800mm）的，采用短钢管帮接，短钢管与水平桁架上下弦杆搭接不小于 1000mm，用 3 个旋转扣件连接，如附图 5-4 所示。

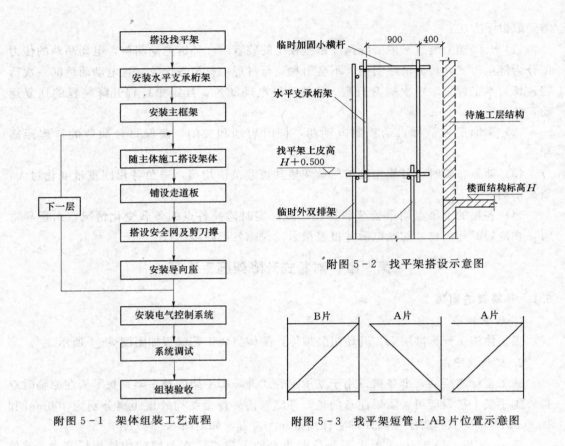

附图 5-1　架体组装工艺流程

附图 5-2　找平架搭设示意图

附图 5-3　找平架短管上 AB 片位置示意图

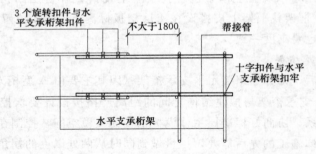

附图 5-4　转角部位不符合水平桁架模数的连接示意图

组装前应明确塔吊附臂的具体位置，注意组装水平支承桁架时在有塔吊附臂的地方断开，并用短钢管连接。

4. 吊装主框架

按照平面图位置将主框架位置找好，除满足图纸要求外，还应注意以下几点：

（1）主框架的位置应尽量避开飘窗板、空调板、框架柱等部位，如架体需下降用于装修施工，还必须避开烟风道、雨水管等位置。

（2）主框架要避开大模板的穿墙螺栓孔，避免主框架影响穿墙栓安装和拆卸。

（3）尽量将主框架布于 AB 片立杆处，可少装一根立杆，减轻架体自重，使架体外排立杆间距一致美观，方便布设剪刀撑。

当水平支承桁架组装一部分后，随后吊装导轨主框架。确定主框架位置后在 AB 片上画线表示，距主框架中心 60mm 处先搭设一根连接小横杆，利用塔吊将主框架吊装入位，起吊时要合理选择吊点，以能垂直升降。入位后将主框架底部横杆与连接小横杆用 4 个转扣锁紧，并在主框架两侧用两根 6m 管打两个斜撑固定主框架，初步吊直后锁紧斜撑。

导轨主框架吊装、固定后，把固定导向座套在导轨上移至将要安装的位置，临时固定，并校正导轨主框架两个方向的垂直度，在结构顶板上预留拉结吊环，安装临时拉结，垂直度不大于 30mm，顶部晃动不大于 50mm。

5. 预留螺杆孔

升降架与结构连接螺杆有两种形式，导向座附着采用 M27 螺杆，吊挂件附着采用 M30 螺杆，吊挂件附着螺栓孔与导向座附着螺栓孔相距 350mm，主体施工的同时，及时做好穿墙螺杆预留孔洞的预埋工作。梁上下预埋时，根据梁高不同保证预埋孔到梁底部满足 300mm 距离即可。下预埋时应将预埋管与就近钢筋绑扎牢固，防止浇筑混凝土时预埋管走位。

穿墙螺杆孔洞预留位置，以现场竖立的主框架位置为准，埋管前应依吊线确定预埋管的位置。

6. 组装架体

随着主体工程的施工进度，安装固定导向座，逐跨组装立杆、大小横杆、铺脚手板，挂安全网，先搭设二步（或 3 步）架体供主体施工使用。架体搭设随着主体的上升而逐步向上搭设，始终保证超过操作层一步架。架体搭设采用 $\phi 48 \times 3.5mm$ 钢管，立杆纵距 1800mm，立杆横距 900mm，步高 1900mm，立杆应与底部支承框架的立杆对接，在每个接点内侧处须用短钢管和不少于 6 个旋转扣件予以加固。立杆接头须采用对接，对接扣件应交错布置，两个相邻立杆接头不应设在同步同跨内，两相邻立杆接头在高度方向错开的距离不小于 500mm，各接头中心距主节点的距离不大于步距的 1/3。组与组之间的间距为 250mm，在每一作业层架体外侧必须设置防护栏杆（高度 1000mm）和挡脚板（高度 180mm）。

（1）组装顺序：立杆→大横杆→小横杆→剪刀撑→脚手板→踢脚板→安全网→底层密封板。

（2）立杆垂直度不大于 50mm。

（3）大横杆水平度不大于 20mm。

7. 安装固定导向座

当主体混凝土结构脱模后，混凝土强度不低于 10MPa 时，将固定导向座从导轨的临时固定处，移到穿墙螺杆处，安装 $\phi 27mm$ 穿墙螺杆，穿墙螺杆两侧各用一个垫片加两个螺母紧固，垫片不小于 80mm×80mm×8mm，拧紧所有螺母后，两侧外露丝扣均不得少于 3 扣。

固定导向座背板必须满贴结构混凝土面，并立即在导轨上固定两个扣件并拧紧，同时检查防坠摆针的灵活性和可靠性。

导向座固定螺杆拧紧后，背板满贴结构，与结构间形成很大的摩阻力，且导向座与主框架的固定连接点比螺杆位置低，受力后导向座所受偏心扭转力比起摩阻力很小，因此导向座可稳固地与结构连接。

8. 安装配电线路

配电线路的安装必须由专业电工按设计安装，具体标准按现行有关标准（控制线路图见附图）。架体的第三步架为电气控制操作层。在每组架体端头配置一台主控箱，每榀主框架的双管吊点处配置一台分控箱，每个电箱需有防雨、防砸、防污染措施（或配置专用电箱保护箱壳）。安装电缆线，规格采用 GB $3\times4+1\times2.5\text{mm}^2$，单台电动葫芦电机额定功率为 0.4kW、额定电流为 1.95A，此工程最大组所需为 14 台，总功率为 $0.4\times14=5.6$kW，总电流为 $1.95\times14=27.3$A。电缆线沿架体周长穿 $\phi25\text{mm}$ PVC 管敷设，电缆线压线时应与电箱内接线颜色相配一致，并在组与组交接部位富余 8m，以满足架体先后提升的需要。电缆穿线时保证相序一致，提升时分控箱开关置于同一功能"顺"，主控箱遥控整体送电，以保证架体同步提升。

5.2 导座式升降架的升降

升降脚手架在组装完成后要进行一次全面的检查（依据《导座式升降架施工验收表》中附表 1），合格并领取《升降架每次升（降）作业前检查记录》（附表 2）后，方能开始升降作业。

升降架升降程序：

准备工作→升（降）架前检查→上吊点悬挂葫芦→葫芦预紧→松开导向座上的固定扣件→升（降）架→过程监控→临时停架→取下下（上）导向座→安装上（下）导向座→提升（下降）到位→安装导向座上的固定扣件→松开葫芦→恢复组间连接及安全防护→检查验收

1. 准备工作

（1）升降前应做好必需的准备工作，检查架体节点附着情况，吊钩、吊环、吊索及构件焊缝情况，摆针式防坠器的工作情况，弹簧是否失效等，并对使用工具、架子配件进行自检，发现问题及时整改，整改合格后使用。

（2）上层需附着固定导向座的墙体结构的混凝土强度必须达到或超过 10MPa 方可进行升降，从上往下数的第二个附着点处用于固定吊挂件的结构混凝土强度达到 20MPa。

（3）按《升降架每次升（降）作业前检查记录》内容认真检查，合格后报项目部验收，升降前填写《升降架每次升（降）作业申请表》（附表 3）报项目部批准后方可提升。

2. 固定吊挂件

（1）吊挂件采用一根 M30 螺栓固定在结构混凝土上，混凝土强度等级不低于 20MPa，螺栓从梁外侧穿入，内侧加一个垫片两个螺母固定，螺母拧紧后保证螺栓伸出螺母端面至少 3 个丝扣。固定方法如附图 5-5 所示。

（2）将吊挂件固定好后，电动葫芦固定于吊挂件上，通过吊索或吊环将架体勾挂住，并张紧链条，使每个葫芦的受力情况基本一致。

3. 架体的升降

（1）架体在提升阶段提升时，应在每榀导轨主框架最上一个导向座旁固定好吊挂件、挂好葫芦、链条的另一端应挂住架体的吊点位置，全部工作完成后，所有葫芦同步提升，

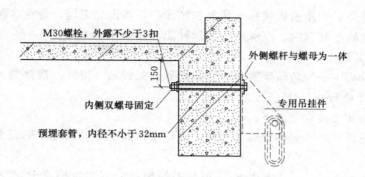

附图 5-5　吊挂件固定方法示意图

提升约 500mm 高度后拆掉轨道卡，继续提升到一定高度后，拆下最下面的导向座，并装在最上面。继续提升，当达到要求高度后，进行调平，两榀导轨承力架高差应控制在 10mm 内，每组架中最大高差应控制在 30mm 内，满足上述要求后，应立即盖好翻板，安好扣件，使用中所有扣件必须全数上齐。

（2）架体在下降阶段下降前，首先应挂好葫芦，然后将链条张紧，其后方可松掉所有扣件，慢速下降架子，当导轨脱出上部的固定导向座后，应立即拆除该固定导向座，将其安装于导轨下面导向座对应位置的建筑结构上。当下降一层楼高度后，立即安装扣件。

（3）架子升降时，必须卸除架体上的荷载，人员必须撤离，且得到工长的正式通知后方可进行升降。装修工程时，还必须经质检部门同意后方可下降。

（4）同时升降的升降架必须做到同步升降，当不同步时应对不同步的升降架进行单独升或降来予以调整。

（5）升降架分组提升时应在组与组之间搭设栏杆，并用安全网密封，防止坠人或掉物。

5.3　升降架的使用与维护

升降架每次升降后要经过检查验收，合格并领取《升降架升（降）完成后验收交接记录》（附表 4）后方能使用。

1. 使用荷载

本脚手架为防护用架体，两步架同时使用时每步荷载应不大于 $3kN/m^2$，三步架同时使用时每步架荷载不大于 $2kN/m^2$，严禁超载使用，荷载应尽量分布均匀，避免过于集中。

2. 架体的维护与保养

为了保证升降架的正常使用，避免事故隐患，应定期对升降架进行维护和保养。

（1）升降架每次升降前，施工班组应对所升降的架体的固定导向座内的防坠摆针弹簧进行检查，发现问题应及时更换，由工程部验收签字后方可进行升降。

（2）定期对电动葫芦进行维护和保养，加注润滑油，检查电动葫芦自锁装置、链条情况等。

（3）检查构件焊接情况、悬挂端下沉情况、扣件松紧情况等。

（4）检查吊挂件、钢丝绳及钢丝绳夹的松紧情况等。

（5）每次升降后应用模板或编织袋等物体保护好固定导向座，避免水泥砂浆及灰尘杂物等进入导向件防坠装置内，以保护防坠摆针能灵活动作。

5.4 防坠装置管理

导座式升降脚手架的防坠装置包括防坠摆针、摆针轴、拉簧、摆针盒。

1. 防坠装置的检查

防坠摆针的几个检查点如下：

（1）摆针是否变形。观察摆针是否被卡阻过而致其变形，出现变形而不能正常工作时要更换。

（2）拉簧是否有效。首先看拉簧外观是否均匀，上下端拉钩有无变形，锈迹是否严重。拉簧的拉力大小从扳动摆针回位的力度可以判断拉簧的拉力大小，摆针可以快速回位，拉簧有效，反之拉簧需更换。

（3）摆针摆动是否灵活。主要是摆针轴是否被杂物卡阻，扳动摆针即可观察到摆针是否摆动灵活。

2. 防坠装置的保养和维护

对防坠装置检查后如发现摆针摆动不灵活，首先判断是否拉簧有问题。再看摆针轴是否被灰尘沾污，拉簧有问题的及时更换；摆针不灵活的，在摆针轴上打柴机油保养。

3. 防坠装置的管理

（1）每次升降前对防坠装置进行逐个外观检查。

（2）每月对防坠装置进行一次保养与维护。

（3）需下架时，下架前对防坠装置进行一次全面保养。

5.5 升降架的拆除

1. 拆除顺序

升降脚手架下降到位后，按以下程序进行架体的拆除。按照先搭后拆、后搭先拆的原则进行拆除，逐层由上而下进行拆除。

拆除顺序为：拆除电气设备→自悬臂结构开始从上向下逐层拆除作业面脚手板→逐层拆除密目网→拆除剪刀撑→拆除小横杆→拆除大横杆→拆除立杆→最后拆除导轨和水平桁架。

2. 架体拆除

（1）拆除之前必须检查架子上的材料、杂物是否清理干净；否则禁止拆除。所拆材料严禁从高空抛掷。

（2）拆除脚手架时必须划出安全区，设置警示禁止标志，设置专人进行看护，非操作人员不得入内。

（3）拆除顺序按照先搭后拆、后搭先拆的原则进行拆除。即先拆栏杆、脚手板、剪刀撑，后拆小横杆、大横杆、立杆，最后拆导轨及水平支撑桁架。拆立杆时应注意防止立杆倾倒。

（4）架子拆除必须从一边开始，按顺序进行。

（5）导轨和水平桁架的拆除。

1）当升降架拆除至底层水平桁架及导轨处时，须进行吊装拆除。拆除作业中，必须保证每一榀导轨上至少安装两个附墙导向座，并在每个附墙导向座的上下各加两个定位扣件，防止架体吊离时导向座从主框架上脱落；螺栓、垫片拆下收集好集中运至地面。

2) 根据升降架的跨度和平面布置情况，从分组端头开始，将升降架逐榀确定分段位置，一榀为一段，每段以导轨为中心，然后根据分段情况进行加固处理。

3) 根据分段情况，在第一榀架相应位置将水平支撑框架连接螺栓拧出，使第一榀架成为一个独立的整体。

4) 用塔吊垂直吊住导轨主框架，并将架体微微上提，使导向座不再受力，在各项工作完成并由现场主管人员确认无误后，将相应导向座位置的螺栓拆除，然后用塔吊将该段升降架吊至地面平放。

5) 吊装拆除时，每次最多只能同时吊装两榀主框架，起吊时用 4 根钢丝绳分别绑在主框架外框第四步立杆与小横杆交接位置。当单榀吊装主框架时，用两根钢丝绳分别绑在主框架外框第四步立杆与小横杆交接位置，起吊前检查钢丝绳并确认完好后方可起吊，听从持证信号工指挥，起吊前应保证架体与结构及其他架子无连接。

6) 在塔吊拆除附着在柱子上的主框架时，可先将最上部一个导向座拆除，保留下部两个导向座；在导向座位置搭设挑架平台，以便于工人拆除固定螺栓，同时在每个导向座下方导轨上加装两个扣件；用塔吊垂直吊住导轨主框架并保持稳定，先拆除最下面一个导向座，最后拆除中间部位导向座，使主框架与结构分离，用塔吊将该主框架吊至地面平放。

（6）各构配件拆下后必须及时分组集中在楼内，然后运至地面。

（7）拆除剪刀撑时必须 3 人同时作业，先拆中间扣件，再拆两端扣件，最后由中间人传递运至楼层内。

（8）拆除作业中，施工队安全员必须现场指挥拆除，项目部安全员在现场协调指挥。

（9）每天拆除作业后，必须将未拆除完毕的架子与结构进行可靠拉接。

（10）当对楼层出入口上方的架子进行拆除时，出入口应暂时封闭。

5.6 特殊部位施工方案

1. 塔吊附臂处升降工艺

升降架在塔吊附臂处的跨中采用短钢管连接，且用 4 根钢丝绳分别斜拉到该跨中的 4 根立杆与相邻的导轨上。当升降架通过塔吊附臂时，每次只能拆除一步架（包括剪刀撑），当升降架通过一步架后，立即恢复已拆架体（包括剪刀撑），恢复好后马上拆通过方向上的下一步架，升降完毕后再恢复架体。注意以下两点：

（1）在塔吊附臂处的一跨架体上，必须在内外排架体搭设"之"字形斜撑。

（2）当拆除最底部架体时，必须将该处架体垃圾清理干净，操作人员必须系好安全带。

2. 卸料平台

架体上禁止采用脚手管直接搭设卸料平台，料台应独立搭设，使用过程中与升降架分离，并与建筑主体可靠、稳固连接。

第6章 安 全 防 护

附着式升降脚手架的安全防护分为6个部分：作业面防护、底部翻板、护身栏杆、架体与结构间隙防护、挡脚板、组间防护。

6.1 安全防护

1. 作业面防护

升降架共覆盖5层高度，底部密封板与楼面同高，则架体顶部出楼面高度为1.5m，可满足防护要求。

施工时，第8、9步为站人作业面，每层升降到位后正常使用阶段，在第8步与结构间张设安全网，安全网用网绳与架体及结构支模架绑牢，绑扎后的安全网略呈松弛状态。

各层作业面铺板采用方木加胶合板的形式，采用50mm×100mm方木，方木扁放横铺，中心间距不大于400mm，方木用铅丝与大横杆绑牢，再用钉子将胶合板在方木上钉牢。

2. 底部翻板防护

底部翻板设在底部密封板与结构楼板间的缝隙处，翻板采用多层板与密封板用合叶连接，翻板在安装时必须压在密封板上，不得与密封板采用对接形式。

翻板宽度不小于300mm，安装后扣在楼板上的宽度不小于100mm，端部略微抬起。扣在墙上时，翻板的抬起角度以45°～60°为宜。

每次混凝土浇筑后，及时检查底部密封板有无混凝土堆积，发现混凝土堆积及时在混凝土初凝前清理干净，防止混凝土将翻板筑死无法翻动。

架体升降时，将翻板翻起，用铅丝临时固定在立杆上，不影响架体的升降。

3. 护身栏杆

外立杆内侧每步中部设一道护身栏杆，内侧立杆在铺设作业面的各步搭设护身栏杆，未铺设作业面的位置可不设。

4. 架体与结构间隙防护

架体内立杆与结构间空隙宽度为400mm，轨道处为200mm，在作业面的部位铺装时，将小横杆内挑至距结构约150mm，铺装后的作业面距结构150～200mm。

架体底部间隙采用翻板封闭，见前述；顶部作业面下间隙张设安全网，见前述。

5. 挡脚板

每铺设作业层的各步均须安装挡脚板，挡脚板高度为180mm，挡脚板用多层板制作，两块挡脚板间搭接不少于100mm，用钉子钉牢，挡脚板用铅丝与立杆绑牢。

为使架体外观醒目、整洁，第1、3、5、7、9步铺装的挡脚板设在外侧密目网外侧，并刷红白警戒色，其余各步装设挡脚板的设在密目网内侧。

6. 组间防护

搭设架体时组间缝隙控制在250～300mm，提升到位后的正常使用阶段，用短管将分组缝两侧的立杆用扣件连接起来，每步设一道短管，再用密目网立挂将分组缝封严。

提升前，将封挂的密目网和连接短管解开，提升到位后再恢复。

架体相邻的两组，在前一组提升后，下一组（未提升的组）的分组端头底部、前一组的分组顶部作业面在分组缝的两侧面均出现临空，对下一组的分组端头底部临空部位，中部加设护身栏杆，内侧挂密目网；前一组的作业面部位，侧面临空处加设护身栏杆。

6.2 安全文明施工

为获得较好的架体外观形象，促进文明施工，在升降架上采取以下措施：

（1）搭设架体采用的钢管使用前刷漆保护。

（2）架体剪刀撑、外装挡脚板上，刷醒目颜色，如红白相间颜色。

（3）在架体重要部位张挂警示标志牌。

第7章 防 雷 措 施

升降架是高耸的金属构架，又紧靠在钢筋混凝土结构旁，二者都是极易遭受雷击的对象，因此避雷措施十分重要（防雷措施由总包方负责完成）。

（1）升降架若在相邻建筑物、构筑物防雷保护范围外，则应安装防雷装置，防雷装置的冲击接电电阻值不得大于 30Ω。

（2）避雷针是简单易做的避雷装置之一，它可用直径 25～48mm，壁厚不小于 3mm 的钢管或直径不小于 12mm 的圆钢制作，顶部削尖（如附图 7-1 所示），设在房屋四角升降架的立杆顶部上，高度不小于 1m，并将所有最上层的大横杆全部接通，形成避雷网络。

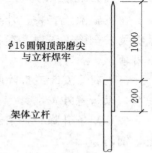

附图 7-1　避雷针示意图

（3）在建筑电气设计中，随着建筑物主体的施工，各种防雷接地线和引下线都在同步施工，建筑物的竖向钢筋就是防雷接地的引下线，所以当升降架一次上升工作完成时，在每组架上只要找一至两处，用直径大于 16mm 的圆钢把架体与建筑物主体结构的竖直钢筋焊接起来（焊缝长度应大于接地线直径的 6 倍），使架体良好接地，就能达到防雷的目的。

（4）当升降架处于下降状态时，架体已处在楼顶避雷针的伞形防雷区内，故无需在升降架上再另设防雷装置。

（5）在每次升架前，必须将升降架架体和建筑物主体的连接钢筋断开，置于一边，然后再进行提升。提升到位后，再用连接圆钢筋把架体和主体结构竖向钢筋焊接起来。所有连接均应焊接，焊缝长度应大于接地线直径的 6 倍。

第8章　质量、安全保证措施

我公司从升降架的设计到升降架的组装、使用、拆除，始终贯彻"安全第一"的原则，以"预防为主"为指导思想，通过各种检查、验收手段达到施工中的"无倾翻、无下坠、无死亡、无重伤"事故发生。

1. 质量保证措施

（1）我公司经过数年的施工经验及技术认证，制定了《导座式升降架安全技术操作规程》用以保证升降架的设计、制造、使用各个环节的安全性、适用性。

（2）在升降脚手架的组装、使用中，按照企业标准及安全技术操作规程中，有针对性地实行各级、各阶段的检查、验收制度。

1) 架体组装过程中，各班组应认真地自检、复检，再申报检验，与总包项目部联合验收认可之后才能使用。

2) 架子使用中项目部主要在以下3个阶段进行控制验收：

a. 升降架的升降前验收，验收合格后，下发升降许可证，具体内容见附件《升降架每次升（降）作业前检查记录》。

b. 升降过程的控制，升降架的每次升降，必须设置现场总指挥。

c. 升降完成后，必须对架体再进行一次全面的检查，合格后下达准用证，具体见附件《升降架升（降）完成后验收交接记录》。

（3）我公司在现场技术服务管理中实行合同责任制，制订具体的经济奖惩制度，签订合同，责任落实到人，做到有章可循，有合同可依。

2. 安全保证措施

在实施架子安装、升降、拆除时，应严格执行《升降架安全技术操作规程》和执行国家有关安全施工法规，本着"安全第一、预防为主"的方针，做好安全工作，重点注意以下事项：

（1）架子安装或拆除时，操作人员必须系好安全带，指挥与吊车人员应和架子工密切配合，以防意外发生。

（2）架子升降时，架子上不得有除架工以外的其他人员，且应清除架上的杂物如模板、钢筋等。

（3）架子操作人员必须经过专门的培训，取得合格证后方可上岗。

（4）严禁酒后上架操作。

（5）架子升降时倒链的吊挂点应牢靠、稳固，每次升降前应取得升降许可证后方可升降。

（6）为防架子升降过程中意外发生，架子升降前应检查摆针式防坠器的摆针是否灵活，摆针弹簧是否正常。

（7）应对现场施工人员进行升降架的正确使用和维护的安全教育，严禁任意拆除和损坏架体结构或防护设施，严禁超载使用，严禁直接在架子上将重物吊放或吊离。

（8）架子与建筑物之间的护栏和支撑物，不得任意拆除，以防意外发生。

（9）架子升降过程中，架子上的物品均应清除，除操作人员外，其他人员必须全部撤离。不允许夜间进行架子升降操作。

（10）施工过程中，应经常对架体、配件等承重构件进行检查，如出现锈蚀严重、焊缝异常等情况，应及时作出处理。

（11）升降完成后应立即对该组架进行检查验收，经检查验收取得准用证后方可使用。

（12）架上高空作业人员必须佩戴安全带和工具包，以防坠人、坠物。

（13）施工过程应建立严格检查制度，班前班后及风雨之后等均应有专人按制度进行认真检查。

（14）所有施工人员应遵守升降架安全操作规程，若某工种人员在作业中不按升降架安全操作规程或高空作业有关规定而作业所引起意外事故，均由其所属分包单位或违章者自行负责承担相应责任。

第9章　升降架安全生产十大注意事项

(1) 升降架操作人员必须是经过现行国家标准《特种作业人员安全技术考核管理规则》（GB 5036）考核合格的专业架子工。

(2) 上岗人员须定期体检，合格者方可持证上岗；对操作人员还须经常进行体格检查，凡患有高血压、心脏病等不适宜高空作业者或酒后人员，不得上岗操作。

(3) 操作人员必须戴安全帽、系安全带、穿防滑鞋。

(4) 作业层上的施工荷载须符合设计要求，不得超载；荷载必须均匀堆放。不得将模板支架、缆风绳、卸料平台等固定或连接在升降架上；架子升降时架体上活荷载必须卸掉和与架体需要解除的约束必须提前拆开等。

(5) 遇6级（含6级）以上大风和大雨、大雪、浓雾和雷雨等恶劣天气时，禁止进行升降和拆卸作业，架体悬臂部分与结构拉接要严格保证。夜间禁止进行升降作业。

(6) 升降架在升降及使用阶段，严禁拆除下列部件：

1）防坠、防倾装置。

2）双管吊点上抗滑扣件及导座上的定位固定件。

3）主节点处的纵、横向水平杆。

(7) 附墙导向座在使用中不得少于4个，升降过程中不得少于3个；直线布置的架体的支承跨度不应大于8.0m，折线或曲线布置的架体支承跨度不应大于5.4m；上、下两导座之间距离必须大于2.6m；端部架体的悬挑长度必须小于3.0m，悬挑端应以导轨主框架为中心成对称设置斜拉杆，其水平夹角应大于45°。

(8) 每次提升前须检查，每次提升后、使用前须经专业技术人员按《导座式升降架施工检查验收标准》验收，合格并办理交付使用手续后才许投入使用。

(9) 架体底层的密封板必须铺设严密，且应用平网及密目安全网兜底；翻板必须将离墙空隙封严，防止物料坠落。

(10) 升降架在安装、升降及拆除时应在地面设立围栏和警戒标志，并派专人把守，严禁一切人员入内。

参 考 文 献

［1］ 国家标准．房屋建筑制图统一标准（GB/T 50001—2011）［S］．北京：中国计划出版社，2011．

［2］ 国家标准．建筑结构荷载规范（GB/T 50009—2012）［S］．北京：中国建筑工业出版社，2012．

［3］ 中国建筑科学研究院．建筑施工扣件式钢管脚手架安全技术规范（JGJ 130—2011）［S］．北京：中国建筑工业出版社，2011．

［4］ 哈尔滨工业大学．建筑施工门式钢管脚手架安全技术规范（JGJ 128—2010）［S］．北京：中国建筑工业出版社，2010．

［5］ 河北建设集团有限公司．建筑施工碗扣式钢管脚手架安全技术规范（JGJ 166—2008）［S］．北京：中国建筑工业出版社，2008．

［6］ 中国建筑业协会建筑安全分会．建筑施工工具式钢管脚手架安全技术规范（JGJ 202—2010）［S］．北京：中国建筑工业出版社，2010．

［7］ 沈阳建筑大学．建筑施工木脚手架安全技术规范（JGJ 164—2008）［S］．北京：中国建筑工业出版社，2008．

［8］ 上海第七建筑有限公司．施工企业安全生产评价标准（JGJ/T 77—2010）［S］．北京：中国建筑工业出版社，2010．

［9］ 《建筑施工手册》编写组．建筑施工手册［M］．4 版．北京：中国建筑工业出版社，2003．

［10］ 侯君伟．架子工长［M］．北京：中国建筑工业出版社，2008．

［11］ 建设部人事教育司．架子工［M］．北京：中国建筑工业出版社，2005．

［12］ 邵国荣．架子工［M］．北京：机械工业出版社，2006．

［13］ 崔炳东．架子工［M］．北京：中国建筑工业出版社，2003．

［14］ 王晓斌，焦静，宋爱民．架子工安全技术［M］．北京：化学工业出版社，2005．

［15］ 住房和城乡建设部工程质量安全监管司．普通脚手架架子工［M］．北京：中国建筑工业出版社，2010．

［16］ 赵蕴青．架子工［M］．北京：化学工业出版社，2009．

［17］ 汪永涛．架子工长上岗指南［M］．北京：中国建筑工业出版社，2012．

［18］ 魏文彪．架子工［M］．北京：机械工业出版社，2011．